氢还原制备球形超细铜粉

王岳俊　著

U0352864

北　京
冶金工业出版社
2021

内 容 提 要

本书介绍了一种形貌和粒径可控的 MLCC 电子浆料用铜粉的制备工艺。该工艺以氧化亚铜为前驱体,通过包覆、氢还原、高温致密化工序制得微米和亚微米级铜粉,将对铜粉形貌和粒径的控制转化为对氧化亚铜颗粒形貌和粒径的控制,工艺设备简单、生产成本低、易于工业化生产。

本书可供从事金属粉末材料制备、金属电子浆料生产及相关领域的科研、技术和管理人员阅读参考,也可作为大专院校相关专业师生的教学参考书。

图书在版编目(CIP)数据

氢还原制备球形超细铜粉/王岳俊著 . —北京:冶金工业出版社,2021.5

ISBN 978-7-5024-8836-9

Ⅰ.①氢… Ⅱ.①王… Ⅲ.①铜粉—氢还原—还原制粉 Ⅳ.①TF123.2

中国版本图书馆 CIP 数据核字(2021)第 103482 号

出 版 人 苏长永

地 址 北京市东城区嵩祝院北巷 39 号 邮编 100009 电话 (010)64027926

网 址 www.cnmip.com.cn 电子信箱 yjcbs@cnmip.com.cn

责任编辑 张熙莹 美术编辑 彭子赫 版式设计 郑小利

责任校对 梁江凤 责任印制 禹 蕊

ISBN 978-7-5024-8836-9

冶金工业出版社出版发行;各地新华书店经销;北京虎彩文化传播有限公司印刷

2021 年 5 月第 1 版,2021 年 5 月第 1 次印刷

169mm×239mm;9.25 印张;177 千字;137 页

56.00 元

冶金工业出版社 投稿电话 (010)64027932 投稿信箱 tougao@cnmip.com.cn

冶金工业出版社营销中心 电话 (010)64044283 传真 (010)64027893

冶金工业出版社天猫旗舰店 yjgycbs.tmall.com

(本书如有印装质量问题,本社营销中心负责退换)

前　言

超细铜粉比表面积大、表面活性较强、熔点高，同时具有良好的磁性、导电性和导热性，在诸多领域都有广泛的应用，如导电浆料、润滑剂、催化剂、工程材料、抗菌剂等，最值得关注的是应用于片式多层陶瓷电容器（multi-layer ceramic capacitors，MLCC）的导电浆料。

MLCC 是世界上用量最大、发展最快的片式元件之一，市场规模占整个电容器的 70% 以上。目前，我国对 MLCC 导电浆料的研究集中在贱金属化方面，用价格相对便宜的铜和镍代替金和银，发展贱金属片式多层陶瓷电容器（BME-MLCC）。铜粉以电导率高、熔点高、价格相对便宜、材料易得、不存在银粉在涂层中发生"银迁移"而影响涂层性能等优点而备受青睐。BME-MLCC 电极用铜粉要求铜颗粒分散性好、粒径小且分布均匀、球形度高、结晶度高、纯度高、振实密度高、抗氧化性好。多年来，高性能、低成本金属电子浆料是制约我国电子工业发展的"卡脖子"技术问题，金属电子浆料长期受欧、美、日、韩生产企业垄断，超细铜粉的制备工艺很大程度上限制了 MLCC 工业的发展。我国电子材料行业一直坚持自主创新与技术引进相结合，发力高端电子浆料产业，基于此，本书结合实验研究，向 MLCC 行业介绍一套适用于 MLCC 电极材料，粒径均一、分散性好、致密的均分散铜粉制备技术。

本书在系统调研有关超细铜粉制备方法的基础上，提出了氧化亚铜（Cu_2O）制备—$Al(OH)_3$ 包覆—低温氢还原—高温致密化制备铜粉的新工艺。该工艺克服了气相法与液相还原法制备铜粉在制备成本和产品性能上存在的缺点，所得铜粉的形貌粒径可控、分散性好、致密度高、晶型成熟，适用于制作 MLCC 电极浆料。该工艺的特点是：将对铜粉形貌和粒径的控制转化为对 Cu_2O 颗粒形貌和粒径的控制；通过葡萄糖还原 $Cu(Ⅱ)$ 制备了平均粒径为 $0.5 \sim 3.5\mu m$ 的 Cu_2O 颗粒，其形貌粒径完全可控；通过对 Cu_2O 进行 $Al(OH)_3$ 包覆防止了铜颗粒的高温烧结，保证了铜粉的分散性；通过铜粉的高温致密化实现了低温氢还原得到的多孔铜粉向致密铜粉的转化。

国内外专门针对电子浆料用超细铜粉制备工艺的书籍较少，其他资料多为标准、论文、专利等文献。本书针对上述空白，结合实验研究，详述了一套电子浆料用超细铜粉的制备方法，适合于从事金属电子浆料生产及相关领域研究的科研、技术和管理人员阅读参考，也可作为大专院校相关专业师生的教学参考书。

在本书的研究、成稿过程中要特别感谢中南大学周康根教授。在研究工作过程中，周老师无论是在选题、研究思路和方法的确定，还是资料的收集和具体的实验工作，都给予我细心的指导，对本书的内容体系提出了宝贵的建议，在此向周老师致以诚挚的感谢。

在本书出版的同时要感谢国家自然科学基金项目（51664013）、内蒙古自治区"草原英才"工程青年创新创业人才项目、内蒙古巴彦淖尔市第三批"河套英才"项目的大力支持，在此表示衷心的感谢！

由于作者水平所限，书中不足之处恳请读者批评指正。

王岳俊

2021 年 2 月

目　　录

1 绪 论

1.1 片式多层陶瓷电容器（MLCC）技术概况

电容器是由两片接近并相互绝缘的导体制成的电极组成的储存和释放电荷的器件，其基本特性是"隔直通交"，主要用于储存电荷和能量转换，也可用于滤波、旁路、耦合、反耦合、调谐回路等。

片式多层陶瓷电容器（MLCC）主要优点为体积小、频率范围宽、寿命长、成本低。此前 MLCC 主要用于各类军用、民用电子整机中的振荡、耦合、滤波、旁路电路中，现在其已广泛应用到自动控制仪表、计算机、手机、数字家电、汽车电子等行业。有数据显示，约70% 的 MLCC 需求来自消费电子领域，被喻为电子工业大米，其中音频和视频设备的需求占比达到28%，手机设备的需求占比达到24%，PC 的需求占比达到18%。随着通信体制升级，MLCC 市场将长期受益于5G 带来的海量市场需求——基站建设加速、5G 智能手机出货量提升和"万物互联"时代开启均极大提高了 MLCC 的市场需求。通信规格的升级会带来单台手机 MLCC 数倍的需求，2G/3G 时代单台手机仅需要不到200 颗的 MLCC，而到了 LTE 时代，则需要400 颗以上甚至更多。同时，智能手机随着性能提升、功能模块增加以及轻薄化的设计趋势，MLCC 消耗量越来越高，以 iPhone 为例，iPhone 5s 单台 MLCC 应用量约400 颗，到了 iPhone 8，单机 MLCC 消耗量约1000 颗，iPhone X 则更多。车用 MLCC 也是一个重要的需求来源，占比达到12%，普通乘用车需要的电子零件大概是6300 个，电动车需要消耗14000 个左右，其中一半左右是 MLCC，预计到2024 年，全球车用 MLCC 需求量将达到6762 亿颗，与2015 年3369 亿颗的需求量相比增长1 倍，全球车用 MLCC 需求量的年复合增长率为8%。MLCC 总体市场规模平稳增长，2017～2020 年间的复合增速约为5.17%；我国内地 MLCC 市场规模增长较快，根据智研咨询的数据，2010～2017年复合增速约为11.06%，高于全球平均水平，2017 年 MLCC 消费量就达到3.058 万亿只，占全球消费量的68.4%[1~6]。

随着电子元器件安装技术的不断突破，加之电子整机的小型化和多功能化，使得 MLCC 向大容量、小体积、高性能化方向发展；由于原材料上涨与环境压力，MLCC 同时也向着绿色化与低成本化方向发展。目前，MLCC 最重要的发展趋势是内外电极贱金属化，即发展贱金属片式多层陶瓷电容器（BME-MLCC）。在 MLCC 生产的起步阶段，其内电极导电浆料所用的金属粉末主要是贵金属，如 Pt、Au、Pd 或其合金粉末。近年，贵金属价格的上涨导致 MLCC 电极成本上涨；因此需要降低内电极材料中贵金属的含量。在贱金属导电材料中，Ni 和 Cu 成为众多研究人员的关注对象。Ni 和 Cu 的价格相对低廉，并且在常温下不易氧化，熔化温度都在 1000℃ 以上，适用于制作 MLCC 电极。因此，采用 Ni、Cu 代替 Ag、Pd 是降低 MLCC 成本的有效途径。由于 Ni 有物理磁性，限制了 MLCC 的某些特殊的应用；而 Cu 的价格比 Ni 更加低廉，并且导电性更好，故使其在某些应用场合更有竞争力。采用 Cu 粉制作 MLCC 内电极主要存在的问题是烧结工序的温度不宜超过 1000℃。目前，经过研究人员对陶瓷介质材料进行研究，该问题已得到解决[7~12]。

1.1.1 MLCC 的结构

最简单的平行板电容器是由一个绝缘的中间介质层外加 2 个导电的金属电极构成的，其基本结构如图 1-1 所示。

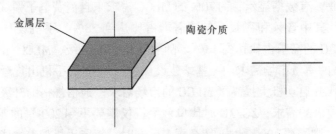

金属层　　　　　　　陶瓷介质

图 1-1　简单平行板电容器结构示意图

与简单平行板电容器不同的是，MLCC 是一个多层叠合的结构[13]。它是由涂覆有内电极的陶瓷介质膜片错位叠合，而后烧结为陶瓷芯片，再在两侧封上端电极形成的一个类似于独石的结构体，所以 MLCC 也叫作独石电容器。简单地说，MLCC 是由多个简单平行板电容器组成的并连体，其基本结构如图 1-2 所示，由端电极、内电极和介质三部分组成。它们在 MLCC 制作过程中被烧结为一个整体组件。该组件中，内电极与介质形成电容，端电极与内电极相连，起到电荷外输作用。

由 MLCC 结构可知，它将若干单层电容叠合后用端电极连接，因此具有了更大的电容量。在这种叠合结构下，MLCC 的电容值 C 可由下式计算：

$$C = \frac{\varepsilon Sn}{d} \tag{1-1}$$

式中　ε——介质的介电常数，F/m；

S——内电极的面积，m^2；

n——电极叠合的层数；

d——介质层的厚度，m。

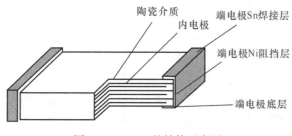

图 1-2　MLCC 的结构示意图

1.1.2　MLCC 的制作

制作 MLCC 的原料主要有介质瓷粉、内电极导电浆料和端电极导电浆料[14~19]。

目前，一般将 $BaTiO_3$ 用作 MLCC 的介质瓷粉，起到绝缘介质的作用。

制作 MLCC 内外电极的导电浆料的主要材料包括金属粉末、有机黏合剂和有机溶剂。超细金属粉末是导电电极的主要功能相。有机黏合剂主要用于调节浆料的黏度特性，使印刷的电极膜层在干燥后不会变形且保持致密。有机溶剂主要用于调节金属粉末在浆料中的分散性。此外，在制作导电浆料时还需添加其他添加剂，如添加分散剂以提高浆料的化学稳定性，添加氧化抑制剂以防止金属粉末氧化，添加阻缩剂以控制内电极的烧结收缩等。

MLCC 的制造流程如下：将预制好的陶瓷浆料制成厚度小于 $10\mu m$ 陶瓷介质薄膜，然后涂覆上内电极，再将其交替叠合、热压，组成多个电容器并联结构，再烧结为一个整体芯片；芯片烧成后在其两侧端部涂敷端电极浆料，而后再经烧结形成厚度约为 $25\sim50\mu m$ 的端电极导电层；最后在端电极镀镍、镀锡铅，形成一个 3 层电极端头，使其满足后续焊接工艺的要求。

目前，印刷工艺在国外的 MLCC 生产中被广泛采用[15]，即通过丝网印刷方法先将陶瓷介质浆料在下层护片上印制成陶瓷薄膜；再同样将金属电极用丝网印刷涂覆在介质层上；接着再印介质层，依次交替进行，最后达到设计规定的电容量要求和电极层数；在最上层的介质层上安装上护片；而后将其烘干，再按产品的尺寸要求切割成小块芯片，经过倒角之后进行排胶处理；最后进行烧结、涂端电极、烧端电极等工艺。

流延法是国内 MLCC 生产中普遍采用的工艺，该法又叫刮刀法、浇注法或带式法。它先将粉料与各种添加剂混磨，制成悬浮性很好的浆料；而后在真空条件下进行脱泡处理；再用刮刀将浆料流延在基带上，形成厚度均匀且连续的浆料层；在干燥过程中，浆料层逐渐变得平滑，而后形成柔软的膜带；最后膜带经冲片、排粘、烧结等工序处理后制得优质的膜片。该法效率高、投资少、产品性能稳定，适于工业生产。但该法也存在一些缺陷，例如，其涂膜的最小单层厚度为 7μm，限制了 MLCC 的内电极叠加层数，有悖于 MLCC 的小型化和高容量的发展趋势。

制造 MLCC 过程中，瓷粉与导电浆料是影响产品质量的关键因素[18,19]。MLCC 的基本要求是导电浆料与瓷粉介质要相互匹配，若导电浆料与瓷粉介质的匹配性不良，则制作出的 MLCC 可靠性会大大下降；如果端电极浆料选用不当，则会导致 MLCC 的端电极电气及力学性能不稳定。

1.1.3   MLCC 电极用金属粉末的技术要求

作为 MLCC 电容器电子浆料的主要功能相，为了满足 MLCC 使用要求，金属粉末应具有以下性能特点[14]：

（1）所用金属颗粒熔点要高（1000℃以上），以防止与陶瓷介质同时烧结时发生金属粉末的熔化现象，保持金属浆料层在烧结成膜后的连续性；端电极由于不必与瓷料共烧，其熔点可比瓷料烧结温度低。

（2）所用金属忌有高迁移性，以防止与陶瓷介质同时烧结时向介质中扩散，对其扩散的容忍限度为不会与介质发生反应，同时不会影响介质的介电性能。

（3）所用金属粉末的纯度要高，以保证其良好的导电性。

（4）所用金属颗粒的形貌要求为球形或类球形，要分散性好，粒径控制在微米级或以下，并且要分布均匀。目前内层厚度为 2~3μm 的 MLCC 要求介质粉末和金属粉末的直径在 200~700nm 之间；端电极用的金属粉末粒径可以大一些，为数微米。粒径均匀的球形金属粉末可保证导电浆料的均匀性，使金属颗粒在烧结后接触良好；同时可以防止粉末中偶尔存在的大颗粒穿透介质层造成无叠层的结构缺陷。

（5）所用金属粉末的振实密度要足够大，金属粉末的振实密度越大，在烧结过程中抗收缩能力越强，越适于制作合格的浆料层。

1.1.4   粉末材料的测试与表征方法

MLCC 电极对金属粉末有着较高的要求，在制作 MLCC 之前需对所用材料进行表征测试[20~25]。粉体材料的表征内容通常包括化学成分、晶体结构、形貌粒度、热分析、比表面积以及振实密度等方面。

1.1.4.1   成分与晶体分析

金属粉末成分分析最常用的方法有 X 射线光电子能谱（XPS）分析和 X 射

线衍射（XRD）分析。利用 XPS 能够定量分析颗粒表面的元素组成、含量与键合形态。XPS 的探测深度一般为 3～5nm，可以表征出除 H、He 之外的所有元素。XRD 用来测定粉末成分时，只能测定样品中含量在 1% 以上的物相。另外，对金属粉末中的碳、硫等非金属杂质可用碳硫分析仪等专用仪器进行分析。

晶体结构分析主要是 XRD 分析，由 XRD 图谱可以分析出晶体的点阵形式，推测其可能的空间群，揭示其结晶度以及晶格缺陷等信息，并且还可以表征晶粒的大小和不同晶面的发育特征。例如：相同物质在生长过程中如果有晶面的择优取向发生，在 XRD 图谱中，其不同晶面的衍射峰相对强度就可能发生变化。晶面含量增加后，其衍射峰相对强度可能增加，反之减小。

利用 XRD 的检测结果通过 Scherrer 公式也可以计算晶粒大小：

$$D_{hkl} = \frac{k\lambda}{\beta_{hkl}\cos\theta} \tag{1-2}$$

式中　　D_{hkl}——晶面 hkl 垂直方向的平均厚度；

　　　　β——衍射峰的半峰宽；

　　　　k——常数，其值为 0.89；

　　　　λ——X 射线波长；

　　　　θ——Bragg 角。

Scherrer 公式适用于计算粒径范围为 5～300nm 的晶粒，在晶粒粒度小于 50nm 时，其测量粒径与实际粒径较为接近。

结晶完整（即结晶度高）的晶体由于其内部质点排列比较规则，在 XRD 图谱上表现为强而尖锐的衍射峰，且峰形对称；结晶不够完整（即结晶度低）的晶体内部通常存在位错等缺陷，其在 XRD 图谱上的衍射峰较弱，峰形较宽且弥散。

1.1.4.2　形貌与粒度分析

目前用于粉体颗粒形貌分析的分析仪器主要有扫描电镜（SEM）和透射电镜（TEM）等。SEM 成像清晰直观、立体感强、制样简单、分辨率高，是粉体微观形貌观察的主要工具；另外，还可根据 SEM 图像测量数目足够，具有普遍性的粒子的粒径，再用数学统计方法计算粉体颗粒的平均粒径与粒径分布。相较 SEM 而言，TEM 和 HRTEM（高分辨率的透射电镜）有更高的分辨率，放大倍数可达百万倍，不仅可以用于观察超细粒子的微观形貌粒径特征，还可以用于研究晶体形态及结晶特征。

通常用等效直径来表示粉末颗粒的粒度，按某种定义（方法）测出的粉末全体粒子的平均直径就是粉末的平均粒径。目前用于测量平均粒径的参照定义有一维定义法（长度平均直径）、二维定义法（面积平均直径）、三维定义法（体积平均直径）等。传统上用于测量颗粒粒度大小的方法有筛分法、显微镜法、电感应法、沉降法等。近年涌现出了一些更先进、更准确的粉末粒度测量方法，例如激光散射法、激光衍射法、电子显微镜图像分析法、光子相干光谱法等。上述各种分析方法测得的颗粒粒径通常会出现差异，没有横向可比性。其中，基于激光散射法原理的激光粒度仪自动化程度高，测量速度快、范围广，便于在线测量，数据可靠、重复性好，被广泛应用于粉末粒度的测定。

粒径分布分为频率分布和累积分布。频率分布表示全部颗粒中与各个粒径相对应的颗粒所占的百分含量，累积分布表示全部颗粒中小于或大于某一粒径的颗粒所占的百分含量，后者是前者的积分形式。颗粒粒度分布曲线是常用的粒度分布表达形式，用于描述颗粒粒径分布情况的参数是 D_{10}、D_{50} 和 D_{90} 等，分别是指在累积百分曲线上占颗粒总量为 10%、50% 和 90% 所对应的粒子直径。

1.1.4.3 比表面积分析

一般情况下，粉体粒度越小，其比表面积就越大，因此比表面积反映出了粉末在整体上的颗粒大小。但是如果粉体颗粒具有疏松多孔的结构，就会使其比表面积大幅增加。化工上常用的催化剂和吸附剂对粉末的比表面积大小常有较高的要求。目前用于测量粉末比表面积的方法主要是气体吸附法（BET 法）。

1.1.4.4 热 分 析

热分析在粉体技术中的应用主要包括分析粉体在受热时的失重、氧化、分解以及颗粒晶型转变等物理化学变化。常用于粉末热分析的方法有差示扫描量热（DSC）分析、差热（DTA）分析和热重（TG）分析等。上述分析方法中，温度的升高过程都由程序控制，可以根据实际要求的不同调节测量过程的升温速率，程序控温可采用线性、对数或倒数程序。差示扫描量热法（DSC）是用于测量输入到试样和参比物的功率差（如以热的形式）与温度的关系的一种技术，所得曲线称为 DSC 曲线，以样品吸热或放热的速率（热流率，dH/dt）为纵坐标，以温度 T 或时间 t 为横坐标。差热分析（DTA）是用于测量被测粉末与参比物的温度差与温度关系的一种技术，所得的曲线称为 DTA 曲线，以参比物与被测物间的温度差为纵坐标，以温度 T 为横坐标。样品在发生物理化学变化时会发生放热或吸热现象使其温度与稳定的参比物的温度出现差异，从而在差热曲线上得到放热或吸热峰。热重分析（TG）是用于测量被测粉末的质量随温度变化的方法，用来研究材料的热稳定性和组分，所得曲线为 TG 或 DTG 曲线。DTG 是 TG 曲线对温度或时间的一阶导数，称为微商热重或差热重。

1.1.4.5 松装密度/振实密度分析

松装密度是指粉末样品以松散状态均匀连续地充满容器时的密度；振实密度

是指粉末样品在规定的条件下振实后的密度。粉末松装密度一般用自然堆积法测定，执行标准为国标 GB/T 16913.3—1997；粉末的振实密度一般以振动法测定，执行标准为国标 GB/T 5162—2006/ISO 3953：1993。

　　粉体的其他表征方法还有红外光谱、原子吸收谱、安息角（自然堆积角）以及晶体缺陷等。粉体的各种性质之间相互存在联系和影响，不同表征方法都只是从某一侧面分析粉体的特征。因此，若要全面地进行粉体特征的表征分析就需将不同的表征方法联合使用。

1.2　超细铜粉的制备方法

　　MLCC 用超细贱金属粉末特别是铜粉的研制工作具有重大意义。近年来，国内外有不少有关超细铜粉的制备研究报道，主要有气相沉积法、固相粉碎法和液相法等。

1.2.1　气相沉积法

　　气相沉积法制备超细铜粉主要包括物理气相沉积法和化学气相沉积法。

　　物理气相沉积法（PVD 法）是先将金属块加热形成蒸气，而后将蒸气冷却，最终制得金属粉。Tony Addona 等人[26] 采用 PVD 法制取铜粉的工艺具有一定的代表性，制备过程主要分为以下三个阶段：首先，铜物料受热蒸发形成铜蒸气；其后，铜蒸气在惰性保护气中扩散进入冷凝区冷却为固态晶核并发生相互碰撞、融合、凝聚，形成铜颗粒，该过程中，铜晶核将在生长临界温度以下的区域停止生长；最后，生成的铜颗粒随惰性气体在收集器中对流，缓慢沉积于收集器表面。铜粉的形貌粒度受到其晶体结构、蒸发温度、惰性气体的压力和对流情况、装置内的温度梯度、基底及其散热设计等因素的影响。通过调节工艺参数，用 PVD 法可制得粒径为 $0.1 \sim 1.5\,\mu m$ 的高结晶度球形铜粉。

　　化学气相沉积法（CVD 法）的基本理论很简单：把含铜化合物气化后与另外一种或几种反应气一同导入反应室内，使其发生化学反应生成金属单质，通过控制产物的凝聚生长就可制备出金属粉体。张颖等人[27] 以乙酰丙酮铜为前驱物，H_2 为反应气，采用低温金属有机物化学气相沉积法（MOCVD）在介孔基质 SBA-15 中合成了铜纳米棒。该合成方法相对简单，反应在较低的温度（400℃）和真空度（2kPa）下就可实现铜纳米棒制备；在制备过程中，H_2 不仅是还原剂，而且对有机铜盐向基质扩散起到推动作用；基质的表面特性对产物结构有着重要影响，基质表面覆有一层 C 后即可由亲水表面变为憎水表面，有利于有机铜盐的吸附和铜粒子的沉积。

1.2.2 固相粉碎法

固相粉碎法制备超细铜粉主要有物理粉碎法和机械化学法。

物理粉碎法主要是利用硬质媒介物的搅拌研磨，或是粉末在高速气流中强大的压缩力和摩擦力来进行金属粉的磨碎。球磨法是最常见的物理粉碎法，其原理是利用球状硬质材料对铜物料进行强烈的撞击，使物料经破碎、研磨后粒度减小，从而制得超细铜颗粒。谢中亚等人[28]利用高能行星球磨机湿法研磨粗颗粒铜、助磨剂、N68 基础油的混合物，得到了纳米"铜液"，并且确定了最佳工艺方案：采用硬脂酸为助磨剂，球料比为 50：1，球磨时间为 100h，球磨速度为600r/min。

机械化学法是在物理粉碎法的基础上发展起来的，该法将物理粉碎法与化学反应相结合制备超细铜粉。Ding[29]将干燥的细铜粉、$CuCl_2$ 以及 Na 粉混合后在充满 N_2 的密封钢瓶中进行高能球磨，在固态下发生 $CuCl_2$ 与 Na 的取代反应，生成铜和 NaCl 的混合物，清洗去除 NaCl 后得到超细铜粉。该法在稳定反应时所得铜粉的粒径在 20 ~ 50nm 之间，若球磨过程中发生燃烧，铜颗粒的粒径将会增大。

用固相粉碎法制备超细铜粉的优点是操作简便，产能较大；缺点是产品的粒径分布较宽，生产过程容易引入杂质；对设备进行改进后将有很广阔的应用前景。

1.2.3 液相法

液相法制备超细铜粉是目前实验室和工业上广泛采用的方法，主要包括 γ 射线辐照法、微乳液法、电解法以及液相化学还原法等。

1.2.3.1 γ 射线辐照法

γ 射线辐照法是近年来发展起来的一种制备超细金属粉末的新方法。该法通过 γ 射线辐射金属盐溶液生成具有还原性的自由基和 e_{aq} 活性粒子，进而将金属离子还原，生成的金属原子经成核长大形成超细粒子。γ 射线在常温常压下易于操作，易于扩大生产规模，但是制得的金属粉末多为离散胶体。为使胶粒易于长大沉淀，研究人员通常将 γ 射线法与水热结晶法联合使用，称为 γ 射线辐照-水热结晶联合法。陈祖耀等人[30]研究利用 γ 射线辐照浓度为 $1×10^{-3}$ mol/L、$2×10^{-3}$ mol/L、$3×10^{-3}$ mol/L 的 $CuSO_4$ 溶液制备超细铜粉。实验表明，当辐照剂量较小时，难以得到沉淀；当辐照剂量超过 $1.2×10^{-3}$ Gy/min 时才有沉淀出现。并且被辐照的溶液越浓，所得粉末越不稳定：$CuSO_4$ 溶液浓度为 $1×10^{-3}$ mol/L 时，所得铜粉为球形，平均粒径约 50nm；$CuSO_4$ 溶液浓度为 $1×10^{-3}$ mol/L 时，得到的是粉红色胶体。朱英杰等人[31]也利用 γ 射线辐照-水热法制得了不同粒径的纳米铜粉。在朱英杰的实验中，考察了表面活性剂对铜粉纯度的影响，结果表明，用聚乙烯醇代替十二烷基硫酸钠（SDS）后，体系中不易生成 Cu_2O 杂质。

1.2.3.2 微乳液法

微乳液是由水和与其不互溶的有机液体构成的分散体系。反应物储存于某相液滴中，液滴在搅拌作用下发生相互碰撞并进行物质交换，使反应物发生相互作用生成沉淀。沉淀颗粒的成核、生长在液滴内进行，有效避免了颗粒间的团聚，同时使产物的粒度易于控制。反应完成后，可通过离心分离等办法使微粒与微乳液分离，用有机溶剂清洗附着在颗粒表面的有机液滴和表面活性剂，最后进行干燥处理，即可得到粉末样品。

高保娇等人[32]在水/二甲苯/SDS/正戊醇反相微乳液体系中用水合肼还原 $NiSO_4$，制得了纳米级（15～100nm）的镍微粒。实验结果表明，镍粒子的大小与微乳液的构成密切相关。水量/表面活性剂量的比值越大，微乳液中水核半径越大，得到的镍粒子粒径越大；Ni^{2+} 离子浓度越大，成核速度越快，镍粒子粒径就越小；通过调节微乳液的构成即可制得不同粒径的镍粒子。Cason 等人[33]将 2-乙基己基琥珀酸酯磺酸钠（AOT）与 Cu^{2+} 结合形成 $Cu(AOT)_2$，而后分散在压缩丙烷和超临界乙烷流体组成的共溶剂中，加入 SDS 形成反胶束微乳液后再用水合肼还原制备出了纳米铜粒子；超临界流体特殊的物理传输特性使得铜颗粒的生长速率较快，易于制备出粒径较小的颗粒。J. Tanori 等人[34]向 $H_2O/Cu(AOT)_2/$异辛烷组成的反胶束微乳液中加入水合肼，制得了纳米级的铜颗粒，通过改变微乳液的相组成，可使颗粒形貌发生改变。

1.2.3.3 电解法

电解法是工业生产铜、镍等金属粉末的常用方法。徐瑞东等人[35]在混合酸体系电解 $CuSO_4$ 制备了微米级铜粉。实验发现，采用混合酸体系和可溶性阳极与不溶性阳极交替使用，改善了常规硫酸体系所制备电解铜粉的粒度较大的问题；随着极间距增大，铜颗粒变大；随着混合酸浓度和电流密度的提高，铜颗粒会变细；随着电解液温度升高和刮粉周期的延长，铜粉粒度变粗。何峰等人[36]在电解 $CuSO_4$ 时加入甲苯和油酸，将铜粉的制备和包覆过程同步进行，获得了纯度高、平均粒度为 80nm、粒度均匀、抗氧化性较好的超细铜粉。该方法中的有机液可循环使用，由增压泵注入体系的有机液对极板上的铜粉起到了冲刷刮粉的作用。

为解决普通电解法中普遍存在的刮粉问题，研究人员将超声波引入电解工艺，开发出了超声电解法。该法中，在阴极板上沉积的铜粉会在超声振动及溶液射流的作用下迅速从极板表面脱落并分散在体系中，避免了铜颗粒的团聚长大；另外，即使极板上的铜粉发生团聚形成了大颗粒，超声波产生的射流也能将其粉碎为粒度较小的颗粒。王菊香等人[37] 采用超声电解法，制得了 100nm 以下的超细铜粉。朱协彬等人[38] 引入超声波电解 $CuSO_4$ 溶液成功制备出粒径约在 29 ~ 39nm 之间的纳米铜粉。超声波在电解过程中不仅起到了搅拌作用，还提高了电流效率，基本消除了浓差极化作用和阳极钝化作用，大大提高了电解法制备的铜粉在分散性、粒度分布方面的性能。

电解法的原料易得、价格低廉，所得铜粉纯度较高；虽然目前用该法制得的铜粉粒度较粗，粒度分布较宽，形貌不够规则，还不适用于制备 MLCC 的电极浆料；但是该法所需的设备简单，工艺过程容易控制，适合大规模生产，易于实现工业化，具有广阔的发展前景。

1.2.3.4　液相化学还原法

目前，液相化学还原法所用原料多为廉价铜盐，如 $CuSO_4$、$CuCl_2$ 等；所用还原剂主要有次磷酸钠、硼氢化钾、甲醛、抗坏血酸、水合肼等。在液相或类液相状态下，利用上述还原剂可将 Cu^{2+} 还原为零价的铜，从而得到铜粉。铜粉沉淀过程中，铜盐和还原剂的种类与浓度、反应温度、体系 pH 值、保护剂种类与投加量、反应时间等因素都对铜颗粒的粒径与形貌有重要的影响。

(1) 次磷酸钠，又名次亚磷酸钠，是一种强还原剂，可将 Au、Ag、Hg、Ni、Cu、Co 等金属的盐还原成单质，它与 Cu^{2+} 的反应如下：

$$2Cu^{2+} + H_2PO_2^- + 2H_2O === 2Cu + H_2PO_4^- + 4H^+ \qquad (1-3)$$

顾大明等人[39] 用 NaH_2PO_2 还原 $CuSO_4$ 或 $AgNO_3$，分别得到了纳米级的铜粉和银粉。经分析表征发现，产品纯度很高，铜颗粒粒径为 5 ~ 20nm，实验产率超过 80%。其动力学实验结果与热力学计算结果相反：碱性条件下还原反应速度极慢，而酸性条件下反应速度很快。经研究发现，次磷酸盐在酸性条件下处于亚稳态（活泼型）结构是反应速率加快的主要原因，H^+ 在反应中起到了催化作用，改变了反应历程、加快了反应速度。

姜雄华等人[40] 将 NaH_2PO_2 溶液滴入 $CuSO_4$ 溶液，制备了单个粒径在 50nm 左右的球形铜粉；但是该铜粉在空气中极易被氧化为 Cu_2O。得出的较佳工艺条件为：$CuSO_4$ 浓度为 0.08 ~ 0.50mol/L，次磷酸钠的浓度 0.4 ~ 1.0mol/L，还原剂滴加速度为 35 滴/min，表面活性剂用量占原料质量分数的 0.3%，温度 50℃，pH 值为 2.0。Jin Wen 等人[41] 在水-油酸混合体系中采用葡萄糖-NaH_2PO_2 两段还原法，制备了粒径为 30nm 左右的铜粉，并考察了 Cu^{2+} 与 NaH_2PO_2 的投加比、pH 值以及温度铜粉形貌粒径的影响，但是在其研究中很难得到单分散的球形铜颗粒（见图 1-3(a)）。

（2）硼氢化钾的还原性较强，对人体上呼吸道、眼睛及皮肤有强烈刺激性，在碱溶液中可与铜离子发生如下反应：

$$4Cu^{2+} + BH_4^- + 8OH^- \Longrightarrow 4Cu + BO_2^- + 6H_2O \qquad (1-4)$$

吴昊等人[42] 用 KBH_4 还原了添加乙二胺四乙酸（EDTA）络合剂的 $CuSO_4$ 溶液，控制反应物的物质的量之比为 $n(CuSO_4):n(KBH_4):n(KOH)=2:1:10$，以壬基酚聚氧乙烯醚（NP）为分散剂，制得了粒径为 20nm 左右的铜粉。实验中，加入 EDTA 降低了体系 Cu^{2+} 离子的浓度，抑制了 Cu_2O 的生成，提高了铜粉的纯度。

耿新玲、苏正涛[43] 也采用 KBH_4 还原 $CuSO_4$ 制备了平均粒径为 30nm、分散性较好的球形铜粉。实验发现，随着 Cu^{2+} 初始浓度的增大，铜晶核数量相应增加，铜粉粒径减小；但 Cu^{2+} 浓度大于 0.3mol/L 后，反应速率增快会导致铜颗粒发生团聚，使产物粒径变大；反应温度的变化也对铜颗粒粒径起到类似作用。反应的最佳条件为 Cu^{2+} 初始浓度为 0.3mol/L，反应温度为 40℃，KBH_4 与 Cu^{2+} 的物质的量之比为 0.75，还需加入烷基酚聚氧乙烯醚（OP）作为表面活性剂抑制产物团聚。

（3）甲醛是一种强还原剂，在微碱条件下还原性更强。溶液中，甲醛还原 Cu^{2+} 的反应为：

$$CuSO_4 + HCHO + 2NaOH \Longrightarrow Cu + HCOOH + Na_2SO_4 + H_2 \uparrow \qquad (1-5)$$

温传庚等人[44] 用甲醛还原 Cu^{2+} 制备了平均粒径为 30～50nm 球形铜颗粒，产品的比表面积很大，极易氧化，需进行表面包覆处理。廖戎等人[45] 发现甲醛直接还原 Cu^{2+} 制备的铜颗粒团聚为细砂状，而采用葡萄糖将 Cu^{2+} 首先还原为 Cu_2O，再用甲醛还原，所得铜粉的粒径均匀性强于甲醛直接还原法。该法中，虽然添加了明胶作为分散剂，但是所得铜粉仍存在严重团聚现象。

（4）抗坏血酸，也叫维生素 C，其本身对人体有益，因此被研究人员广泛采纳。但是其还原强度中等，可与 Cu^{2+} 发生如下反应：

$$Cu^{2+} + C_6H_8O_6 \Longrightarrow Cu + C_6H_6O_6 + 2H^+ \qquad (1-6)$$

刘志杰等人[46] 用抗坏血酸还原 $CuSO_4$，制得了粒径范围为 500～7000nm 的超细铜粉，铜粉的粒径主要依赖于明胶用量的变化，铜胶比越高，粒径越小；而采用葡萄糖预还原 Cu^{2+}，再用抗坏血酸还原的方法后，制得的铜粉粒径更为均匀，平均粒径为 1μm。

Mustafa Bicer 等人[47] 以抗坏血酸为还原剂，CTBA 为分散剂，通过调节抗坏血酸与 $CuSO_4$ 的摩尔比、体系 pH 值、温度以及反应时间等条件，制备了不同形貌（球状、棒状）和粒径的微米级和纳米级铜粉（见图 1-3（b））。研究发现，抗坏血酸与 $CuSO_4$ 的摩尔比以及体系 pH 值升高后，铜颗粒的粒径减小；反应时间较短时得到的是粒径为 90nm 的球状铜颗粒，而延长反应时间后，产物变为直径为 100 ~ 250nm，长度为 6 ~ 8μm 的铜纳米棒；反应温度的高低对产物纯度有着重要的影响，反应温度较低时产物中会存在 Cu_2O 杂质。

(5) 水合肼（$N_2H_4 \cdot H_2O$）又称水合联氨，具有毒性，还原性很强，氧化后的产物是干净的 N_2，生成的铜粉颗粒表面被同时生成的 N_2 所包围，不易被氧化。其在碱性环境下的反应方程式如下：

$$2Cu^{2+} + N_2H_4 + 4OH^- \Longrightarrow 2Cu + N_2 \uparrow + 4H_2O \tag{1-7}$$

水合肼在很短的时间内就可将 Cu^{2+} 还原成单质铜；由于反应速率很快，体系的过饱和度很高，铜单质大量成核，使得颗粒粒径很小，容易发生团聚。因此需通过特殊手段来控制反应的强度。吴伟钦等人[48] 以氨水作为络合剂控制 Cu^{2+} 缓慢释放，用水合肼为还原剂制得了的粒度分布为 2 ~ 3μm，电阻率为 3.2mΩ·cm 的超细铜粉。取水合肼浓度、氨水投加量、pH 值、温度、反应时间等 5 个因素进行了正交试验，得到的最佳实验条件为：水合肼浓度为 1.25mol/L，氨水投加量为 1.5mol，pH 值为 9，反应温度 70℃，反应时间 90min。

赵斌等人[49] 采用葡萄糖预还原 Cu^{2+} 制得 Cu_2O 颗粒，而后在 70℃ 下以明胶为分散剂，用水合肼还原 Cu_2O 制备出了 50 ~ 500nm 不同粒径的铜粉。研究发现，粒径为 500nm 以上的铜粉在空气中才可以稳定存在。胡敏艺等人[50] 采用水合肼两步液相还原法制备了分散性良好，粒径为 1.0 ~ 2.5μm 的类球形铜颗粒（见图 1-3（c））。首先用葡萄糖将 Cu^{2+} 预还原为 Cu_2O，然后加入分散剂聚乙烯吡咯烷酮（PVP），再将水合肼分为两步加入还原 Cu_2O；实验中，水合肼分别是在低温阶段（成核阶段）和高温阶段（长大阶段）加入的，其目的是将铜晶粒的成核与长大过程分开；结果表明，成核阶段的温度应保持在 50℃ 以下，长大阶段适宜的温度为 84℃；两步水合肼添加量的不同将影响成核数目，从而对所得铜粉的粒径产生影响。

除上述还原剂外，其他还原剂也用于液相化学法制备超细铜粉。Huang 等人[51] 在室温下将乙二胺逐滴加入至 KCl 和 CuCl 的水溶液中，得到了粒径为 (0.79±0.35)μm 的单分散球形晶态铜粉。乙二胺的逐滴加入可控制反应速率缓慢进行，减少初始晶核的生成，使晶核能同步长大。Zhang 等人[52] 采用水热法，以 α-D-葡萄糖为还原剂，以 CuO 为铜源，制得了粒径为 0.32 ~ 0.55μm 的球形铜粉，但此法反应很慢，在 180℃ 下需反应 20h。Amit Sinha 等人[53] 用丙三醇既作还原剂又作溶剂，分别还原 CuO、$Cu(OH)_2$、$Cu(CH_3COO)_2$，在超过 200℃ 的反应温度下，制得了平均粒径分别为 1μm、3.5μm、5.6μm 的多面体形貌的铜粉（见图 1-3（d））。与水热法类似，该法反应缓慢，所需反应温度较高，生产效率很低，不易实现工业化生产。此外，酸化歧化亚铜氨络离子制备超细铜粉[54] 的方法也得到了研究，该法制得的铜颗粒为多面体形貌，粒径范围为 0.5 ~ 1.5um，粉末松装密度为 1.27g/cm³，振实密度为 2.98g/cm³。

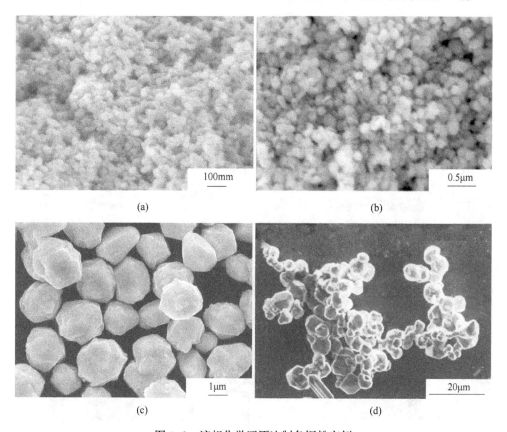

图 1-3 液相化学还原法制备铜粉实例

（a）以 NaH_2PO_2 为还原剂制备的铜粉[41]；（b）以抗坏血酸为还原剂制备的铜粉[47]；

（c）两步液相还原法制备的铜粉[50]；（d）用丙三醇为还原剂制备的铜粉[53]

上述超细铜粉制备的研究很少涉及产品在 MLCC 中的应用。Wu 最近几年对液相法制备 MLCC 电极用铜粉进行了大量研究[55~60]，并且将所得铜粉应用于 MLCC 电极的制作，通过考察 MLCC 的性能对铜粉质量进行了全方位评价。图 1-4 所示为 Wu 用不同还原剂制备的一些超细铜粉的 SEM 图像。可以看出，Wu 制备的铜粉为类球形，分散性良好，粒径分布窄；研究表明，用这些铜粉制作的 MLCC 端电极性能优越。

除上述的气相沉积法、固相粉碎法以及液相法外，热分解法[61~63]制备超细铜粉也得到了广泛研究。V. Rosenband 等人[63] 采用热分解 Cu(HCOO)₂制备了亚微米级的铜粉。实验发现，Cu(HCOO)₂在180℃时开始分解，至230℃时分解完全。铜颗粒的粒径由预球磨、添加剂、温度和时间等操作条件决定；所得铜颗粒的平均粒径为 0.4~0.6μm，但分散性较差，这是由于铜颗粒在高温下烧结团聚所致。

图 1-4　用不同方法制备的铜粉

（a）水合肼还原[55]；（b）抗坏血酸还原[56]；（c）水合肼还原[57]；（d）水合肼还原铜氨配离子[58]

　　上述方法中，能成功制备出适用于 BME-MLCC 电极用超细铜粉的方法主要有气相沉积法和液相化学还原法。但是气相沉积法的产量低、设备复杂、能耗高，而且产物的粒径分布较宽，使其工业化受到了限制。液相化学还原法的产品组分容易控制、设备简单、生产成本低、易工业化生产，得到了广泛的研究应用；但是在液相还原 Cu(Ⅱ) 的过程中可能会同时生成 Cu$_2$O，给还原过程的控制带来了一定难度；另外，在液相沉淀过程中，晶核的形成与长大过程不易有效分开，因而制得的铜粉都在不同程度上存在粒径不均、团聚、形貌不规则等缺点。

　　大容量、小体积是 BME-MLCC 发展的方向，这就要求用作 MLCC 电极的铜粉更小更均匀。目前，关于制备适用于 BME-MLCC 电极的超细铜粉的报道还不多，并且几乎没有形貌粒径可控的球形铜粉的制备方法出现在报道中。因此应加强铜粉形貌粒径控制的研究，以便能根据需求制备特定形貌粒径的铜粉。

1.3　超细氧化亚铜粉末制备及其形貌粒径控制

Cu_2O 是一种重要的无机氧化物，超细 Cu_2O 具有优越的理化性能，在工业上有广泛的应用，已成为材料学界的研究热点之一[64~66]。Cu_2O 颗粒是本书中研究制备超细铜粉的重要前驱体材料。目前，国内外研究制备 Cu_2O 粉末的方法大致可归纳为固相法、电解法和液相化学法。

1.3.1　固相法

固相法制备 Cu_2O 粉末[67~70] 的方法（如粉末冶金烧结法、氧化铜（CuO）火法还原法等）效率较低，常常会伴随出现固相烧结现象。张炜等人[70] 采用低温固相法制得了 Cu_2O 粉末，避免了固相烧结现象的发生。在红外灯照射下，于室温下用玛瑙研钵将 116g NaOH 和 110g CuCl 组成的混合物研磨 20min，再用 NaOH 和无水乙醇将混合物洗涤、过滤、干燥后得到直径为 10nm、长为 80nm 的一维纳米 Cu_2O 棒。该法能耗低、工艺简单，但产量不高，不适于工业化生产。

1.3.2　电解法

电解法[71,72] 是目前在工业上应用最为广泛的生产 Cu_2O 粉末的方法。在电解法制备 Cu_2O 粉末的过程中，阴极会发生生成单质铜的副反应，从而会降低 Cu_2O 粉末的纯度。为防止 Cu_2O 被进一步还原为金属铜，生产中需向电解液中添加葡萄糖酸钙和重铬酸钠等添加剂。而电解液中阴离子的种类对 Cu_2O 形貌会产生很大影响。Fang 等人[71] 在电解醋酸铜时发现，电解液中 Cl^- 离子的浓度对 Cu_2O 晶体的形貌有明显影响：随着 Cl^- 离子浓度的增加，Cu_2O 的形貌从类星形向立方形转变，如图 1-5 所示。

(a)　　　　　　　　　　　　　　　　　(b)

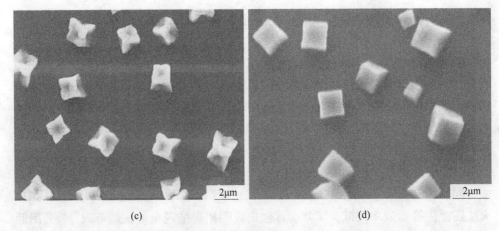

(c)　　　　　　　　　　　　　　(d)

图 1-5　在室温下不同 Cl⁻ 离子浓度时制备的 Cu_2O 粉末的 SEM 图像

Cl⁻ 离子浓度（mmol/L）：(a) 0；(b) 1.17；(c) 3.51；(d) 7.02

1.3.3　液相还原法

液相还原法的一般过程是用还原剂将溶液中的 Cu^{2+} 还原成 Cu_2O。该法制备的 Cu_2O 粉末分散性好、粒径小、纯度高，因此得到了极大的关注。主要有水热法、微乳液法、溶胶-凝胶法、辐照法以及液相化学法等。

1.3.3.1　水热法

水热法制备 Cu_2O 粉末的原理是利用密闭高压釜反应器创造出高温（大于100℃）、高压（大于 9.81MPa）的条件，以前驱体或中间产物与 Cu_2O 之间的溶解度差为驱动力，促使水溶液中的反应物溶质发生反应生成 Cu_2O。

陈之战等人[73,74] 以 $Cu(CH_3COO)_2$ 为前驱体，在 180℃ 以上水热反应数十小时，制备了如图 1-6 所示的 Cu_2O 晶体。该 Cu_2O 晶体的晶核沿 3 个相互垂直的方向生长，延伸出 6 个线度均为 15μm 左右的柱状晶粒。张炜等人[75,76] 用乙醇和乙二醇水热还原 Cu^{2+} 分别制备出了棱长约 80nm 的立方体形貌和棱长约 1μm 的正八面体形貌的 Cu_2O 晶体以及 Cu 微晶。在实验中发现，反应温度升高、反应时间延长、体系 pH 值升高均会导致产物由 Cu_2O 向单质 Cu 转变。

由于反应缓慢，且晶核生长条件特殊，水热法制得的 Cu_2O 晶粒分散性好，形貌各异。但是该法对设备要求高，工艺条件苛刻（高温、高压），能耗高、成本高，其广泛应用受到了限制。

1.3.3.2　微乳液法与溶胶-凝胶法

微乳液法的特点是产品的粒径分布窄、形貌规则、分散性高和界面性好。

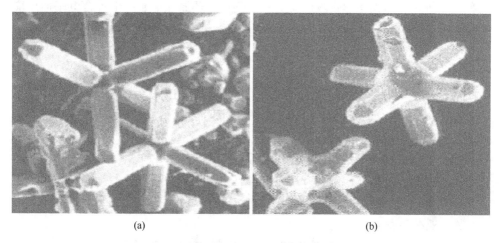

(a)   (b)

图 1-6 用水热法制备的 Cu₂O 粉末的 SEM 图像

(a) 200℃, 24h; (b) 180℃, 67h

He 等人[77] 将 Cu(NO₃)₂ 溶液加入至聚乙二醇辛基苯基醚/正己醇/环己醇的混合液（体积比为 4:1:30）中构成了 W/O 型微乳液，采用 γ 射线辐照还原 Cu²⁺ 制备了粒径小于 100nm 的八面体结构的 Cu₂O 晶粒；实验发现，当辐照量增大时 Cu₂O 的生长模式由扩散模式向聚集模式转变。Liu 等人[78] 采用多重微乳液（O/W/O）法制备出了外径不到 200nm 的中空微球 Cu₂O 颗粒。

乔振亮等人[79] 以无水甲醇和 CuCl₂ 为原料，醋酸为络合剂，葡萄糖为还原剂，采用溶胶/凝胶法在玻璃基片上制备出了球形的 Cu₂O 薄膜。该法制得的 Cu₂O 粉末纯度高、粒径小；但是产物颗粒易于团聚，原料成本高，甚至用到有毒有机溶剂，一般用于薄膜材料的制备。

1.3.3.3 辐照法

杨士国等人[80] 用 γ 射线还原 Cu²⁺ 制得了 Cu₂O 粉末。向表面活性剂和环己烷混合物中加入 Cu(NO₃)₂ 溶液，再加入乙二醇，搅拌至物色透明，通 30min N₂ 除去 O₂；再用 γ 射线照射还原，所得 Cu₂O 粒子呈立方体，粒径约 80nm。该法操作简单，但是对 γ 射线发生器的功率要求较高，并且 γ 射线对人体会造成一定伤害。

陈祖耀等人[81] 采用紫外线代替 γ 射线，避免了 γ 射线的放射性环境：首先配置浓度为 0.001~0.1mol/L 的 CuSO₄ 溶液，而后用醋酸/醋酸钠缓冲溶液调节 pH 值为 4.6 左右，再加入适量的十二烷基苯磺酸钠、异丙醇或聚乙烯醇等添加剂，通入 N₂ 脱除 O₂，经主波长为 365nm、313nm、254nm 的紫外光辐照得到了平均粒径小于 20nm，且粒径分布均匀的球形 Cu₂O 颗粒。研究发现，还原反应有两种作用机理，即光化学吸收使反应物受到激发还原和辐照产生水合电子使反应物还原。

1.3.3.4 液相化学法

液相化学法制备超细 Cu_2O 粉末时，一般以可溶性铜盐（如 $Cu(NO_3)_2$、$CuSO_4$、$CuCl_2$ 等）为原料，在水溶液中用还原剂还原 Cu^{2+}，同时向体系中添加合适的分散剂，最终生成 Cu_2O 粒子。反应一般以亚硫酸盐、水合肼、硼氢化钠、抗坏血酸钠、葡萄糖等为还原剂。该法设备简单、成本低，制得的 Cu_2O 颗粒粒径小、纯度高、分散性能好，采用不同的工艺流程或控制不同的反应条件，可制备出不同形貌和粒径的 Cu_2O 颗粒。

A 亚硫酸盐还原法

以 Na_2SO_3 为例，该法制备超细 Cu_2O 粉末的一般过程为：将 $CuSO_4$ 和 Na_2SO_3 配制成一定浓度的溶液后混合，调节反应溶液呈微酸性（pH = 5），于 100 ~ 104℃下进行反应。反应中持续加入 NaOH 溶液以维持体系 pH 值不变，保持溶液沸腾 1h，待沉淀物变为深红色，释放出的 SO_2 气体减少时，就可停止加热。所得沉淀物经洗涤、干燥、粉碎、筛分后就得到了超细 Cu_2O 粉末[82]。Na_2SO_3 在反应中的消耗量很大，生成 1mol 的 Cu_2O 需要 2mol 的 Na_2SO_3。由于 Na_2SO_3 过量，并且反应体系酸性很强，导致了产物中 Cu^{2+} 含量增高，收率较低；另外，反应时还会放出 SO_2 气体对环境造成污染。

刘登良[83] 在上述方法的基础上，用 Na_2SO_3 和 Na_2CO_3 的混合液还原 $CuSO_4$ 制备出了 Cu_2O 粉末，反应中加入 NaCl 溶液作为缓冲剂。该方法成本低、收率高，适于工业化生产；但是由于使用了 NaCl 缓冲剂，因此会向 Cu_2O 粉末中引入白色的 CuCl 杂质颗粒。

B 水合肼还原法

Wang 等人[84] 先用 $CuSO_4$ 与氨水为原料制备出 $Cu(OH)_2$ 纳米线，然后用水合肼在室温下将其还原，制得了直径约为 5 ~ 15nm，长度为数十微米的线状纳米 Cu_2O。刘亦凡等人[85] 用水合肼还原 $(CH_3COO)_2Cu$ 得到了十分稳定的橙黄色的 Cu_2O 溶胶。

A. Muramatsu 等人[86] 在 30℃下将含有明胶和水合肼的 CuO 悬浮液老化后得到了球形 Cu_2O 颗粒，如图 1-7 所示。该 Cu_2O 颗粒的粒径约为 270nm，且分散性良好。实验中，A. Muramatsu 首先制备 CuO 含量为 1.0mol/L 的悬浊液；然后将明胶与水合肼配制成 pH 值为 9.3、明胶的质量比为 3%、水合肼浓度为 1.0mol/L 的溶液；最后将含水合肼的溶液加入 CuO 悬浊液中；将混合体系再陈化 3h，控制温度为 30℃左右。该方法可实现大量生产，但生产准备过程较为复杂。此法中，若用溶解度更高的 $Cu(OH)_2$ 代替 CuO 作为前驱体，则会由于体系中 Cu^{2+} 浓度较高而使得反应过快，过程难以控制，致使 Cu_2O 产物粒径不均匀。该过程中，Cu^{2+} 由 CuO 前驱体释放的过程就是反应的控制步骤，因此溶液中 Cu^{2+} 离子浓度能保持足够低，使得反应速率易于控制；与此同时，明胶阻止了水合肼在 CuO 表面直接反应，抑制了水合肼的还原强度，同时扮演了缓冲剂和分散剂的角色。但是由于在碱性条件下水合肼的还原活性增强，所以当 pH 值超过 10 时，水合肼会将 Cu^{2+} 还原为单质铜而使产物纯度降低。

0.5μm

图 1-7　用水合肼还原 CuO 制备的 Cu_2O 的 SEM 图像

Dong 等人[87] 用溴化十六碳烷基三甲铵（CTAB）和葡萄糖作有机稳定剂，在室温下用水合肼还原 Cu^{2+} 制得了不同形貌的 Cu_2O 颗粒，如图 1-8 所示。实验发现，以 CTAB 作稳定剂时制得的 Cu_2O 为多面体单晶，而以葡萄糖作稳定剂时制得的 Cu_2O 为球形多晶。Dong 认为 CTAB 和葡萄糖在 Cu_2O 晶核生长过程中起到的作用不同。以 CTAB 作稳定剂时，由于 Cu_2O 晶核表面吸附 OH^- 后带有负电荷，可进一步吸引带正电的 CTAB 在其表面形成覆盖层：其一，覆盖层限制了水合肼对 Cu_2O 的还原，抑制了铜单质的生成；其二，覆盖层阻止了 Cu_2O 晶核的聚集作用，使其以扩散模式生长。而以葡萄糖作稳定剂时，Cu^{2+} 被关在葡萄糖的羟基配位基形成的网状结构中，由于 OH^- 体积很小，所以能够自由进出网笼；水合肼分子相对较大，所以进入网笼受到限制，这就形成了葡萄糖的位阻效应。Cu^{2+} 被还原成 Cu^+ 后将会在网笼中与 OH^- 迅速结合形成 CuOH，而后失水分解成 Cu_2O，并在网笼中聚集生成球形颗粒。

另外，Xu 等人[88] 用水合肼还原铜氨络离子得到了60～100nm 多孔球形 Cu_2O 晶体；并在改变了 $NH_3 \cdot H_2O$ 和 Cu^{2+} 的物质的量的比例后，又制得了立方形和八面体形貌的 Cu_2O 晶体[89]。Du 等人[90] 在碱性体系中用水合肼还原 Cu^{2+} 也制备了不同形貌的 Cu_2O 晶体。结果显示，当水合肼和 NaOH 浓度较低时，产物主要为直径约为 15nm，长度为 5～10μm 线状的 Cu_2O；当水合肼的浓度提高后，产物

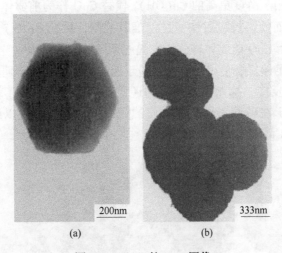

200nm　　　333nm

(a)　　　　　　(b)

图 1-8　Cu₂O 的 TEM 图像

(a) 添加 CTAB；(b) 添加葡萄糖

为边长为 400~700nm 的八面体 Cu₂O 晶体。

总体上讲，水合肼还原法制备的 Cu₂O 粒径较小、分散性好。但是水合肼价格较高，且具有毒性，导致生产 Cu₂O 粉末的成本很高，安全性低，并且工艺条件控制不当时会引入金属铜杂质，因此不适合工业化生产。

C　硼氢化钠还原法

S. Ram 等人[91] 在温度为 80~100℃ 条件下，向 CuCl₂ 水溶液中逐滴加入 NaBH₄ 溶液，制得了边长为 10~30nm 的椭圆形 Cu₂O 晶粒。研究发现，Cu₂O 的生成过程是 NaBH₄ 先将 Cu²⁺ 还原成单质 Cu，单质 Cu 又随即被氧化成 Cu₂O。

D　抗坏血酸钠还原法

C. J. Murphy 等人[92] 用抗坏血酸钠在碱性条件下还原 Cu(Ⅱ) 制得了形貌为立方体的纳米 Cu₂O 晶粒，并考察了添加剂 CTAB 的浓度对产物粒径的影响。结果显示，CTAB 的浓度越大，成核数量越少，Cu₂O 颗粒的粒径越大；当 CTAB 的浓度从 0.01mol/L 增加到 0.10mol/L 时，所得立方 Cu₂O 晶体的棱长可从 200nm 增大到 450nm。此外，C. J. Murphy 等人[93] 还报道了上述反应中将添加剂由 CTAB 更换为聚乙二醇 600（PEG600）后也可制得立方体形貌的 Cu₂O 颗粒。但 PEG600 对产物粒径的影响作用恰恰与 CTAB 相反：PEG600 的浓度越小，成核数量越少，Cu₂O 颗粒的粒径越大；当 PEG600 浓度从 0.10mol/L 减小到 0.05mol/L 后，所得 Cu₂O 晶体颗粒的棱长由 30nm 增大到了 55nm。

E　葡萄糖还原法

葡萄糖是一种常用的化工产品，其还原能力较为温和，并且价格低廉，被氧化后的产物没有毒性，对环境的污染可控；在温和条件下，葡萄糖不会将 Cu^{2+} 还原为单质铜，可保证 Cu_2O 产品的纯度。因此，葡萄糖还原法制备超细 Cu_2O 粉末具有很好的工业应用前景。

早在 1973 年，Peter McFadyen 等人[94] 就报道了用酒石酸钾钠作络合剂先将 Cu^{2+} 络合，再用葡萄糖作还原剂，在强碱条件下制备出均分散的 Cu_2O 溶胶的实验；并在实验中发现，随反应物浓度的升高，Cu_2O 的粒径增大。

吴正翠等人[95,96] 将 $CuSO_4$、葡萄糖、酒石酸钾钠按 1∶1.625∶0.06 的摩尔比混合后配成 100mL 溶液，加入少量的聚乙二醇辛基苯基醚（OP）作为表面活性剂，用微波加热，在碱性条件下（pH=12）反应制得了星形（雪花形）、方形、球形的单分散 Cu_2O 粒子，如图 1-9 所示。实验发现，反应物浓度和表面活性剂 OP 用量对 Cu_2O 粒子的形貌变化有很大影响。当 Cu^{2+} 离子浓度为 5×10^{-4} mol/L 时，制得的 Cu_2O 粒子均为立方体。当 Cu^{2+} 离子浓度上升至 2×10^{-2} mol/L 后，表面活性剂 OP 的用量对 Cu_2O 粒子形貌的影响得以体现：体系中 OP 的浓度低于 0.2% 时制得的 Cu_2O 粒子主要为球形；当 OP 的浓度高于 0.2% 时，产物 Cu_2O 为球形粒子和少量方形粒子的混合物；当 OP 的浓度高于 0.2% 时，制得的 Cu_2O 粒子主要为星形。

1.25μm   400mm   1.7μm

图 1-9　不同形貌的 Cu_2O 颗粒

Wang 等人[97] 用聚乙二醇 400（PEG400）作为添加剂，用葡萄糖还原 $CuCl_2$ 溶液制备了纳米级粒度的 Cu_2O。PEG400 添加剂也起到了控制 Cu_2O 形貌与抑制 Cu_2O 颗粒团聚的作用。实验发现，Cu^{2+} 浓度过高会造成反应速率难以控制。因此，Wang 等人[98] 先将柠檬酸与铜盐混合，稳定了 Cu^{2+} 离子的释放过程；而后再用葡萄糖于 80℃下还原，制得了超分散的纳米 Cu_2O 晶体，并研究了 Cu_2O 晶体的生长机理。研究认为，反应中 Cu_2O 晶核是沿其 <111> 面的法向生长的，随着反应时间的增长，晶体的形貌经过如图 1-10 从左至右依次变化。

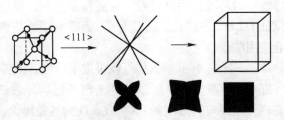

图 1-10　在不同反应时间制备的 Cu₂O 粉末的 TEM 图像及其生长过程分析

Zhang 等人[99] 以聚乙烯吡咯烷酮（PVP）作添加剂，用葡萄糖还原酒石酸铜，控制反应初始 pH 值为 12，在不同的 PVP 添加浓度下（0~2μmol/L）均制得了八面体的 Cu₂O 晶粒。其实验结果中，PVP 对 Cu₂O 晶粒的粒径有明显影响，随着 PVP 用量的增加，Cu₂O 晶粒的粒径减小。赵华涛等人[100] 先将 CuSO₄ 溶液与 NaOH 溶液混合生成沉淀后再用葡萄糖还原，在常压、高反应浓度和不加任何添加剂的条件下制得了分散性较好的 Cu₂O 颗粒。实验中，通过改变反应溶液的投加方式和 NaOH 溶液的浓度分别得到了立方体、八面体、球形、星形等不同形貌的 Cu₂O 晶粒。关于葡萄糖还原二价铜制备 Cu₂O 的实例还有很多，如 Zhang 等人[101] 在 50℃下用葡萄糖还原 Cu²⁺，通过改变 Cu²⁺ 的浓度，得到了边长为 5~10μm 的凹八面体的 Cu₂O 晶粒，并认为 Cu₂O 形成八面体形貌是由于 OH⁻ 选择性吸附于 Cu₂O 晶核的<111>晶面引起的；Liang 等人[102] 在较低浓度下用葡萄糖还原 CuCl₂ 溶液也制备出了星形、花状等不同形貌的 Cu₂O 晶粒。

　　上述文献是近几年以液相化学法制备 Cu₂O 的代表性研究成果，属于液相化学法的例子还有很多，例如雕白粉（HCHO·NaHSO₃·2H₂O）还原法[103] 及铜粉、锌粉还原法等均可制得超细 Cu₂O 粉末。从上述超细 Cu₂O 粉末的制备研究可知，液相还原法采用不同的体系，控制不同的反应条件，可制得不同形貌与粒径的 Cu₂O 颗粒，但是很少能对 Cu₂O 颗粒的形貌与粒径实现有效、稳定的控制。要实现形貌粒径可控的 Cu₂O 颗粒的制备，需要更加深入地学习液相沉淀过程的成核生长理论，全面探讨该过程中超细颗粒的形貌粒径控制机制。

1.4　湿法制粉过程中形貌及粒径控制的基础理论

　　相比普通材料而言，粉末材料在很多方面有着特殊的性能。而粉末粒子的粒度与形貌特征对粉末的性能有很大影响，共同决定了粉末的综合物化性能[104]。

　　超细粉末的用途不同时，对其粒度和形貌的要求也会有差异[105]。高档颜料中使用的 TiO₂ 应将粒度控制在 200nm 左右，此时 TiO₂ 对可见光有最大散射率；化妆品、透明涂料中使用的 TiO₂ 应将粒度控制在 10~60nm 之间，此时 TiO₂ 才具有透明性，并对强紫外线具有吸收能力。针状 $\gamma-Fe_2O_3$ 在粒度为 $0.2 \sim 0.3 \mu m$ 时的矫顽力最大，适用于高密度磁记录材料；而棒状、盘状、薄板状的 $\alpha-Fe_2O_3$ 最适用于制作颜料。用作镍氢电池材料的球形 $Ni(OH)_2$ 粉末的粒度分布较宽时，小颗粒才能填充大颗粒的空隙，使电极能量密度得到提高；而 $Ni(OH)_2$ 粉末用于制备电子工业用的 NiO 粉末时，要求其粒度分布要窄。如前所述，MLCC 内电极要求金属粉末的分散性要好，颗粒为球形，平均粒径为微米/亚微米级，且粒度分布均匀。因此，在制备超细粉末材料时，应对产物颗粒的形貌、粒径以及粒度分布进行严格控制，以满足不用应用方向对产品的要求。

大多数湿法制粉技术是利用化学反应产生固相沉淀物质的过程。由于沉淀反应是湿法制粉中非常关键的步骤之一，对最终粉末粒子的粒度和形貌特征有决定性的影响，因此，本节只对反应沉淀过程中的成核生长理论作简单介绍。

1.4.1 晶体成核与生长理论

液相法制备粉末材料与液相中晶体的成核生长有直接的联系，粉末材料的沉淀过程是一个复杂的热与质的传输过程，在不同的理化条件下，会产生不同的结晶模式。Klaus Borho[106] 认为反应结晶过程的发生次序为微混合、理化反应、成核作用、可逆团聚、不可逆团聚、晶核生长和陈化；液相法制备粉体的过程中可简化为晶体成核、晶核生长以及团聚陈化三个主要步骤，上述作用的大小均受到溶质过饱和度的影响。因此，可以把沉淀粒子的成核和生长过程假设成一个物理模型，在模型的基础上进行实验研究，并结合溶质过饱和度这个参数，对整个沉淀系统建立数学模型，从而进一步深化研究。由于产品与过程之间存在着耦合互动关系，因此这个模型肯定是十分复杂的。所以，在模型的实际应用时需充分利用实际体系的限制条件、边界条件或某些特殊条件对模型中的某些项进行简化，才能比较简便、合理地计算求解和讨论。

1.4.1.1 晶体成核理论

在液相体系中，当构晶物质的浓度达到一定的过饱和度后，体系中就会发生成核作用。因此，在液相中制备超细粉体首先需要通过反应物之间的化学反应生成构晶物质（如分子、原子或离子等），并使其浓度积累到成核作用所需的过饱和度。

根据热力学理论[107]，在成核作用发生时，晶核存在一个与构晶物质的过饱和度相平衡的临界半径 r^*。半径为 r^* 的晶胚称为临界晶核，仍属于溶液范畴。临界晶核吸附一个最小单位的构晶物质后就形成了稳定的晶核，可自发长大；而小于临界晶核的晶胚不能自发长大，会重新溶解。式（1-8）为 r^* 的表达式：

$$r^* = \frac{2\sigma M}{\rho RT\ln S} \tag{1-8}$$

式中　σ——液固界面张力；

　　　M——析出组分的摩尔质量；

　　　ρ——固态结晶产物的密度；

　　　R——摩尔气体常数；

　　　T——体系的温度；

　　　S——溶液中构晶物质的相对过饱和度 c/c_0。

由式（1-8）可知，临界晶核半径 r^* 的大小由结晶产物的种类、构晶物质的过饱和度、体系温度、晶胚与液相的界面张力等因素所决定。

在单位时间内，单位体积的溶液中析出的晶核数目称为成核速率。成核速率是决定颗粒粒度及其粒度分布的主要因素，A. E. Nielsen[108] 给出了成核速率与构晶物质的物理性质及过饱和度的关系：

$$N^* = A\exp\left[-\frac{16\pi\sigma^3 V^2 N}{3R^3 T^3 (\ln S)^2}\right] \tag{1-9}$$

式中　A——常数；

　　　V——析出组分的摩尔体积；

　　　N——阿伏伽德罗常数。

由式（1-9）可以明显看出，成核速率随体系温度和构晶物质的过饱和度的降低而减小。

由此得出，成核过程对温度和构晶物质浓度相当敏感，通过调节上述条件就可控制成核作用的发生，从而进一步控制体系的成核过程。

1.4.1.2　晶体生长理论[109~117]

从宏观角度上分析，溶液中晶体生长是晶体相-液相界面向环境相不断推移的过程。在微观角度分析，晶体生长可以看作一个基元过程，是组成晶体的质点按空间格子构造排列的过程。晶体具有特定的生长习性，使晶体外形表现为具有一定几何形状的凸多面体。自 1866 年以来，经过许多学者 100 多年的努力，建立了一些关于晶体生长习性的理论，如晶体平衡形态理论、界面生长理论、周期键链理论、负离子配位多面体生长基元模型等；另外，随着胶体学的发展，胶粒聚集长大理论也对晶体生长理论做了有效的补充。

A　晶体平衡形态理论

在对晶体内部结构分析和热力学计算的基础上，晶体平衡形态理论得到了建立和发展，Bravais 法则、Gibbs-Wulff 晶体生长定律和 Frank 运动学理论被研究人员相继提出。

1866 年，A. Bravais 提出了晶体生长过程中的一个规律，即晶面的面网间距越大，该晶面的法向生长速率越小；而生长速率最慢的晶面族最终将显露并体现出晶体的外形。Bravais 法则只考虑了晶体的内部结构与其生长的最终形态之间的关系，因此只能预测晶体的理想生长形态；由于该法则没有考虑到生长体系的理化条件对晶体最终形态的影响，因此未能阐释不同条件下生长的同种晶体在形态上存在差异的原因。

1878 年，Gibbs-Wulff 考虑到晶体的表面能系数的各向异性，提出了晶体生长的最小表面能原理。他认为，晶体在平衡态自由能极小的条件为表面能的极小。因此，在恒温和等容的条件下，晶体生长的平衡形态为其总表面能最小时的形态。晶体在生长过程将不断调整自身生长形态，以使总表面自由能降至最低，从而达到平衡状态。由此得出，晶体某一晶面族的法向生长速率与其比表面自由能的关系式为：

$$\frac{\sigma_1}{\gamma_1} = \frac{\sigma_2}{\gamma_2} = \cdots = \frac{\sigma_i}{\gamma_i} = 常数 \tag{1-10}$$

式中　γ_i——晶体处于平衡形态后其第 i 个晶面距晶体中心的距离；

　　　σ_i——晶体处于平衡形态后其第 i 个晶面的比表面自由能。

由于晶体的表面自由能难以测量，使得式（1-10）在实际应用中的计算非常困难。另外，表面自由能对于晶体形态的控制作用仅限于微米尺寸以下的晶体；一旦晶体尺寸较大时，表面自由能就丧失了控制晶体生长形态的能力。因此，Gibbs-Wulff 晶体生长定律只能用于预测较小粒度的晶体的生长平衡形态。

Frank 运动学理论提出了两条运动学定律，阐述了晶体在生长和溶解过程中形态变化的习性，运用法向生长速率和晶面取向之间的关系对晶体生长的最终形态进行预测。由于在实际应用中很难全面了解二者关系，因此限制了运动学定律的应用。在运动学理论的基础上，Cabrera 进一步提出了晶体生长的台阶运动理论。该理论虽然考虑了生长条件对晶体形态的影响，但是不能由生长条件的变化准确预测出晶体的最终形态，只能根据生长形态的变化去反向推测生长条件对晶体生长的可能影响机理。

B　界面生长理论

界面生长理论以界面的微观结构为基础分析晶体生长过程中界面向环境推移的动力学规律。研究学者先后建立了四种经典界面结构模型：

（1）W. Kossel 于 1927 年提出完整光滑突变界面模型，认为界面在原子层次上是平滑的，固液相界面是突变的。该模型与晶核的二维成核生长机制相对应。

（2）F. C. Frank 于 1949 年提出非完整光滑突变界面模型，认为晶面上存在位错，位错线露头点在晶面上产生了一个连续生长的台阶源，该台阶的运动将使晶体不断生长。

（3）K. A. Jackson 于 1959 提出粗糙突变界面模型，认为晶体生长的界面为晶格原子排列有规律可循的单原子层，通过统计热力学计算即可分析出界面结构的光滑或粗糙属性。

（4）Temlin 于 1966 提出弥散界面模型，将界面看作是由多层原子构成的，并可根据界面自由能变化结合界面组态熵的变化判断光滑界面与粗糙界面之间的转变。

上述界面结构模型存在一定的局限性。第一，将所分析的晶体结构过度简化；第二，解释晶体生长时没有考虑其生长条件（溶液、熔体或气体）的变化；第三，将单个原子限定为界面上吸附的基元，未考虑多元体系的生长过程；第四，推导动力学规律时做了过多假设，脱离了实际状态。

C 周期键链理论

周期键链理论认为晶体结构中存在一系列具有周期性的键链，该键链由强键不间断地连接而成，称为周期键链（periodic bond chain，PBC）。周期键链的方向由 PBC 矢量来表征，并将晶体可能出现的晶面分为 F、S、K 三种类型：含有两个或两个以上共面的 PBC 矢量的称为 F 面，含有一个 PBC 矢量的称为 S 面，不含有 PBC 矢量的称为 K 面。上述 3 个面中，含有 PBC 矢量越多，与相应的结构基元结合时形成的强键越少。与在此基础上，Hartman 和 Perdock 等人用附着能代替表面自由能来定性判断晶面的生长速率。附着能是指在结晶过程中一个结构基元结合到晶体表面上时所释放的键能。由于键能增大时成键速率加快，因此附着能越大，晶面的法向生长速度越大，该晶面将最终消失；附着能越小，晶面的法向生长速度越小，该晶面将最终显露。由此可知，晶体生长过程中，F 面的附着能最小，生长速度最慢，S 面次之，K 面最快。

后来 Hartman 进一步完善了 PBC 理论，在定性分析晶面生长速率的基础上给出了其定量计算的方法，用来预测晶体的生长习性。但是该理论同样是在理想状况下对晶体生长进行分析预测的，没有考虑实际生长条件对晶体形态的影响。

D 负离子配位多面体生长基元理论

仲维卓等人[118~120]将晶体结构、缺陷以及生长条件与其生长形态联合考虑，提出了负离子配位多面体生长基元模型。该模型的建立存在两个基本假设：（1）构晶溶质与溶剂介质可相互作用并形成具有一定几何结构的聚集体，称为生长基元，晶体的生长过程就是生长基元向界面叠合的过程。在结晶体系中存在不同结构形态的生长基元，且相互之间存在动态平衡。（2）生长基元向界面叠合时应满足该晶面的特殊取向要求，其结构单元必须与相应晶体的结构单元保持一致。

该模型主要用于阐释处于低受限体系（如水热体系）的晶体生长过程和生长形态。在考虑了晶体实际生长条件的基础上，该理论认为不同环境相中的生长基元的结构形态与其稳定能有关。所以在不同的生长环境中，生长基元的结构存在一定差异，使其在不同晶面族上的叠合速率有所不同，最终导致了晶体生长形态的变化。该模型利用生长基元的结构及其在界面的叠合过程将晶体结构对晶体生长的影响进行了阐释；并利用生长条件对生长基元结构形态的影响来解释生长条件对晶体生长形态的影响，所考虑的影响因素更加全面，分析假设更符合晶体生长的实际情况。

晶体成核与生长之间是一个复杂的串并联过程，通过实验很难精确观察其发展过程。所以有研究人员进行了晶体成核生长过程的电子计算机模拟研究，例如 Monte Carlo Simulations 法[121~123]。但是由于晶体生长过程的复杂性，计算机模拟运用的许多假设条件会与实际情况存在很大差异，因此该方法仅限于理论研究。

E　胶粒聚集长大理论[107,116,124,125]

聚集长大是液相法制备粉末的过程中沉淀颗粒普遍存在的一种生长方式，胶粒聚集长大理论主要用于解释沉淀过程中粒子间的各种聚集生长。该理论的发展主要以 Derjaguin 和 Landau(1941 年) 与 Verwey 和 Overbeek (1948 年) 分别提出的 DLVO 理论为基础。聚集理论将胶体粒子当作晶体生长的基本单元，认为胶粒的稳定性由相互之间的排斥力与吸引力的相对大小所决定。当胶粒间的斥力大于引力时，溶胶相对稳定；反之，溶胶是不稳定的。胶体体系中粒子间的作用力可用式（1-11）进行表述：

$$F_T = F_A + F_B + F_S \tag{1-11}$$

式中　F_T——胶粒之间的总作用力；

$\quad\quad F_A$——胶粒之间的吸引力，其本质是范德华引力；

$\quad\quad F_B$——由扩散双电层模型定义的胶粒之间的斥力，主要包括静电斥力和水化膜斥力；

$\quad\quad F_S$——胶粒之间的空间斥力，该斥力是由于胶粒吸附高聚物后产生的。

沉淀体系中一般存在的微粒有核级胶粒、普通胶粒和较大粒子，聚集长大方式可以在上述微粒之间任意发生，具体聚集形式需根据沉淀体系的条件不同进行分析。

1.4.1.3　晶体成核生长的经典模型[112]

液相法制备粉体中晶体成核生长均受溶液过饱和度的影响，Lamer 模型将晶体成核生长与溶质浓度的关系进行了直观的阐述，该模型对于理解晶体成核生长的普通原理非常有用。图 1-11 所示为描述晶体成核生长与构晶物溶质浓度关系的 Lamer 模型示意图，该模型描述了一个完整的液相沉淀过程。

在阶段 I，溶质的浓度 c 随着反应的进行得到不断的积累，但是此时没有新相的晶核形成，即成核准备阶段。当溶质的浓度 c 达到成核所需的最低过饱和浓

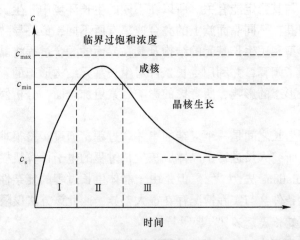

图 1-11　晶体成核生长与溶质浓度的 Lamer 模型示意图

Ⅰ—成核准备；Ⅱ—成核；Ⅲ—晶核生长

度 c_{min} 时，沉淀过程进入阶段Ⅱ，即成核阶段，溶质浓度 c 在此后仍会有所增加，到达 c_{max}；在此之后，由于成核作用对溶质的大量消耗而使其浓度 c 降低；当 c 降至 c_{min} 以下时，成核作用就会停止，沉淀过程进入阶段Ⅲ，即晶核的生长阶段；生长阶段一直会持续到溶质浓度 c 下降到溶质的溶解度 c_s 为止。

　　该模型对液相法制粉的工艺过程控制，尤其是颗粒粒度和分散性的控制有着重要的指导意义，在本书中，将在不同工艺控制阶段利用该模型对实验结果进行具体的分析阐释。

1.4.2　粉末粒子形貌和粒径控制理论

1.4.2.1　粒子形貌控制理论

　　晶粒的形貌可体现出晶体的内部结构与生长模式，可通过研究晶体在不同条件下生长后形成的最终形貌对其生长机理进行分析。晶核的生长模式最终决定了晶体的形貌，而生长模式对过程条件又非常敏感，因此温度、pH 值、反应液浓度、添加剂种类、反应体系的开放与封闭等因素都会对晶粒的形貌产生影响[126]。在前面所述的晶体生长理论中，传统经典理论主要考虑了晶体在分子级别上的生长模式，而胶粒聚集长大理论分析了相对宏观的生长模式，可以通过讨论这两种不同生长机制来理解液相沉淀过程的粒子形貌控制理论。

　　A　聚集生长模式控制

　　在液相法制粉过程中，如果成核是在体系的过饱和度极高的情况下进行的，那么将是一个相当快速的过程，并且晶核的分子级生长会受到抑制，取而代之的是体系内的单体核、分子簇以及初级微粒等生长基元在布朗运动和流体剪切运动作用下发生的聚集长大。此时，晶核的主要生长方式为聚集长大模式。这种生长模式表现为"短程无序，长程有序"，其主要生长趋势是降低颗粒的表面自由能，生长方向指向颗粒表面自由能最低的方向，生长单体最终聚集为球形颗粒。

B 分子级生长模式控制

在液相法制粉过程中，晶核的分子级生长发生在溶质过饱和度极低的条件下，此时，晶粒的形貌由各晶面的生长速率决定，晶粒将最终显露其生长最慢的晶面。在分子级生长过程中，晶面的生长受到热力学平衡态、溶质扩散动力学以及界面生长动力学的控制。

(1) 热力学平衡态控制。热力学平衡态控制理论在 1.4.1.2 节已有详细介绍，不再赘述。需要指出的是，该理论是一种理想状态，基本上没有考虑晶体生长条件的变化对生长模式的影响。在液相法制粉过程中，理想平衡状态常被实际影响因素所掩盖，因此不能全面阐释晶粒形貌随生长环境发生变化的机理。

(2) 动力学控制。粒子形貌的动力学控制理论包括溶质扩散控制理论和界面生长控制理论。溶质在液相中的扩散作用控制晶核生长时，溶质分子或生长基元向晶粒的边、角上以及不同晶面上扩散能力的差异会影响晶粒的生长方向，从而改变晶粒形貌。界面生长对晶粒形貌的控制主要体现为粗糙面和光滑面的不同生长动力学规律和生长机制。

仲维卓等人[127~129] 在大量实验与计算的基础上，总结了晶体结晶形貌与负离子配位多面体的结晶方位之间的关系，成功解释了一些氧化物晶体（如 ZnO 等），特别是一些极性晶体的生长习性，得出配位体在晶体的各个面族上连接的稳定性决定了晶体的结晶形貌；配位体顶角所对的晶面族生长速率最快，容易消失；配位体面所对的晶面族生长速率最慢，最终显露；配位体棱所对的晶面族生长速率处于上述两者之间，显露面积不大。该理论结合了热力学和动力学控制的精髓，虽然还处于定性描述层面，但是通过后续的实验研究以及理论计算的补充，将会形成一套完整的晶体生长控制理论。

1.4.2.2 粒子粒度控制理论

液相法制粉中，所得晶粒的粒度主要由成核与生长的竞争决定。一般情况下，相同物质的量的单分散粉末颗粒，颗粒数越多粒径越小，即成核越多粒径越小。目前关于晶粒粒度及其分布控制的基础理论主要有 Weimarn 法则、Lamer 模型、Ostwald 陈化规则和粒数平衡理论。

A Weimarn 法则[107]

沉淀过程中，固相粒子的形成包括成核与长大两个步骤。Weimarn 法则认为这两个步骤的相对速率决定了最终晶粒的大小，其中，成核速率 u_1 可用式（1-12）进行表述：

$$u_1 = K(c - c_s)/c_s \tag{1-12}$$

而晶体长大速率 u_2 可表述为：

$$u_2 = DA(c - c_s)/\delta \tag{1-13}$$

式中　u_1，u_2——分别代表成核速率与晶核的生长速率；

　　　　K——成核速率常数；

　　　　D——溶质的扩散系数；

　　　　A——晶核的生长常数；

　　　　δ——固液界面扩散层的厚度；

　　　　c——溶质的实际浓度；

　　　　c_s——溶质的溶解度。

　　由式（1-12）与式（1-13）可知，成核速率与晶核生长速率都以溶质的过饱和度（$c-c_s$）为推动力。应用式（1-12）与式（1-13）可定性预测出最终晶粒的大小，有助于调控体系条件控制晶粒粒径。沉淀物质总量一定时，若 u_1 较大，则会形成大量晶核，最终晶粒的粒径较小；若 u_1 较小，仅会形成少量晶核，最终晶粒的粒径较大。同理，u_2 越大，最终晶粒的粒径越大，反之亦然。

　　B　Lamer 模型[112]

　　运用 Lamer 模型可以准确分析液相法制备超细粉末时出现的颗粒粒度分布较宽的现象。该模型认为，当新核的生成与旧核的长大同时发生时，不同核龄的晶核在后续过程中同时长大后所得粒子的粒径将存在差异。若要制得粒度分布均匀的粉末，须严格控制溶质的过饱和度，使颗粒形成过程按照"爆发成核，缓慢生长"的模式进行。这就要求图 1-11 中的成核阶段 I 尽量短促，将成核与生长过程分离，以抑制二次成核现象，保证晶核的核龄相同。

　　C　Ostwald 陈化规则[130]

　　为使固液悬浮体系的总界面能趋于最小，在沉淀产生后体系中将会发生 Ostwald 陈化现象。Gibbs-Thomson 效应[140] 指出，在表面张力作用下，沉淀颗粒的溶解度是其半径的函数，越小的颗粒越容易溶解。因此颗粒粒度越小时，陈化作用越明显，当颗粒粒度小于 1μm 时，该作用不能忽视；并且随着温度升高，陈化作用将更加明显。陈化作用的结果是，具有较高界面能的小颗粒将最终溶解，使得大颗粒得以生长，从而使颗粒粒度趋向均匀。

　　D　粒数衡算理论[131]

　　Randolph 和 Larson 等人在 20 世纪 60 年代以质量平衡原理作为理论基础，将粒数衡算的方法与粒数密度的概念引入到工业结晶过程中，建立了粒数衡算理论。该理论通过将颗粒的粒度分布与结晶器的制造及操作相联系，提出了其主要的研究目标：通过实验研究和理论计算得到具体物系在具体操作条件下的结晶动力学规律，用以指导结晶器的设计和结晶器的操作，以便获得符合需求规格产品粒度及分布。粒数衡算理论为粉末形貌粒径控制的研究工作以及过程优化提供了值得借鉴的基本思路。

1.4.3 粉末粒子形貌粒径控制方法

液相法制粉过程中，晶体成核和生长作用决定了晶粒的形貌和粒径。前面已对晶体的成核与生长理论做了简要阐述，本节将利用上述理论探讨实际生产过程中晶粒形貌粒径控制的主要方法。构晶物质在液相中的过饱和直接导致了成核与生长的发生，因此控制体系中溶质的过饱和度是控制成核生长的关键。一般反应速率直接影响构晶溶质的生成速率和过饱和度，因此改变体系的动力学性质是进行颗粒形貌粒径控制的最直接的办法；另外，体系以及晶粒表面的热力学性质对晶粒的生长模式也会产生很大影响。因此，选择适当的反应体系或者投加添加剂是控制颗粒形貌粒径的有效方法，在此做简单介绍。

1.4.3.1 粉末粒子形貌控制方法

A 均匀沉淀法

在沉淀过程中，沉淀速度越快，体系内各影响因素的交互作用就越复杂，溶质的过饱和度波动就越大，晶粒的形貌粒径就越难控制。另外，如果沉淀制粉过程采用了强酸盐或强电离沉淀剂就会使体系的局部效应过于明显，所得颗粒的形貌粒径特征不统一。如果反应物能够控制反应离子的缓慢释放，就能有效解决上述问题，使产物颗粒均匀沉淀。该方法称为均匀沉淀法，主要包括试剂均匀沉淀法、配合均匀沉淀法和沉淀转化法。

试剂均匀沉淀法制粉时，沉淀试剂缓慢释放的是反应所需的阴离子。最常用的沉淀试剂是尿素。由于尿素在加热至 70℃ 以上后才开始快速水解并大量放出 OH^- 和 CO_3^{2-}，因此，含金属离子的溶液与尿素在常温下混合后不会马上发生沉淀反应。物料混合后，沉淀反应的控制步骤为尿素的水解，所以很容易通过搅拌使物料达到均匀分布，实现在均相体系下制粉的目的。除尿素外，类似的均匀沉淀试剂还有草酸二甲酯（$C_2O_4^{2-}$）、硫代乙酰胺（提供 S^{2-}）、硫酸二甲酯和氨基磺酸（SO_4^{2-}）、磷酸三甲酯（PO_4^{3-}）等；由于某些金属离子可以直接水解形成沉淀，因此水也可以视为一种良好的均匀沉淀剂。E. Matijevic 等人[132,133] 采用试剂均匀沉淀法制备出了大量具有不同形貌特征的单分散粒子，为该方法的应用和开发积累了丰富的经验。

配合均匀沉淀法制粉时，沉淀试剂缓慢释放的是反应所需的金属阳离子。该方法中，金属离子首先与配位剂（如酒石酸盐、柠檬酸盐、氨水等）形成配合物；反应中通过加碱或升温等方法使配合物的结构被缓慢破坏并释放出金属离子；最后，金属离子在溶液中水解或与碱基发生反应生成沉淀。上述过程中，如果能控制配合物缓慢释放金属离子, 就可实现在均相体系制粉的目的, 最终得到形貌粒径均一的晶粒。

沉淀转化法类似于配合均匀沉淀法: 先将金属离子储存于前驱沉淀中, 反应时由前驱沉淀物的缓慢溶解来释放金属离子, 而后加入另一种反应物与金属离子反应生成产物颗粒。该制粉工艺中, 前驱沉淀物的溶解是整个反应过程的控制步骤, 前驱沉淀逐渐溶解, 金属离子被转移至产物沉淀中, 其实质是一个溶解—再结晶的过程。该方法要求最终产物在体系中的固态稳定性要强于前驱沉淀物, 二者的溶度积常数值应该相差几个数量级。

B 模板控制合成法[134~137]

微乳液法就是一种很具有代表性的模板控制合成法。该方法的基本思路是用具有特定结构的基质控制晶粒的成核与生长, 使晶核长成具有所需形貌粒径特征的微粒。该方法制备出的粉末能最大限度地实现研究人员的控制意志, 颗粒花样的种类繁多, 是其他制备方法无法比拟的。制粉时所用的模板包括硬模板和软模板两类。其中, 硬模板有多孔氧化铝、多孔玻璃、沸石分子筛等; 软模板有表面活性剂分子或高分子形成的胶束、单分子膜等。在目前的研究中, 用硬模板法制得的微粒多数呈现一维形貌; 而软模板对产物的形貌粒径控制不够严格, 但其过程简单、操作方便。

C 添加剂控制法

在上述两种控制方法的基础上使用一些添加剂, 可以显著影响其实施效果。一般情况下, 添加剂可以通过以下几种机制来影响粉末颗粒的形貌变化[110]: (1) 通过影响界面附近溶质的扩散性能以及过饱和度, 从而改变溶质向不同晶面的供给速率, 使得晶粒的生长方向发生变化; (2) 有选择性地吸附于晶粒的不同晶面, 从而将晶面的生长活性点覆盖并抑制其生长, 改变各晶面的生长速率比; (3) 抑制了初级粒子或生长基元间的聚集作用, 增强了产物颗粒的分散性。在不同体系使用不同添加剂时, 其作用机制不尽相同。目前用于控制晶粒形貌的添加剂主要包括某些阴离子、有机螯合剂、离子型表面活性剂和非离子型表面活性剂等。

1.4.3.2 粉末粒子粒度控制方法

成核与长大作用的竞争是影响晶粒粒度的关键因素。对于一个封闭的体系, 生成的晶核越多, 晶粒的粒径就越小。而在实际操作中运用 Lamer 模型, 按照 "爆发成核, 缓慢生长" 的原则将晶粒的成核过程和生长过程分离, 是制备粒度均匀的单分散颗粒的关键所在。另外, 1.4.3.1 节简述的控制晶粒形貌的方法对于控制其粒径也是有效的。

A 成核作用控制

成核作用控制就是通过调节初始反应的体系温度、pH 值、反应物浓度、反应介质种类等因素控制反应速率，以此控制成核瞬时的溶质过饱和度，进而控制体系的成核速率与成核数量，最终达到控制颗粒粒度的目的。例如在溶胶-凝胶体系中，通过将成核阶段的体系温度由50℃提高至100℃，可使制得的赤铁矿颗粒的粒径由几个微米下降至0.3μm[138]。

B 聚集生长控制

在聚集生长模式下，可通过调控微粒间的相互作用力来实现对聚集体粒度的控制。在溶胶体系中，虽然外界因素对胶粒之间的范德华力影响微弱，但会对胶粒之间的斥力产生强烈影响。例如电解质的浓度升高会降低胶粒的Zeta电位，使得胶粒间的斥力减小，胶粒的聚集作用增强，造成大量晶核或初级粒子发生聚集而使颗粒数目减少，粒径趋向增加；而胶粒吸附高聚物后，相互之间的静电斥力将增强，并且会产生空间斥力，使得胶粒间的聚集作用减弱，颗粒粒径减小。

C 添加剂法

固体表面会强烈吸附稳定常数很大而溶解度很低的络合物，被吸附后，该络合物起着抑制颗粒生长的作用，可以降低最终颗粒的粒径。在反相胶团体系中，非离子、阴离子和阳离子表面活性剂也可能阻止颗粒的生长。

D 外加晶种法

外加晶种技术是一种能有效改变颗粒粒径的方法。由式（1-8）可知，只有半径大于临界晶核的粒子才能稳定存在并生长。体系中已经有稳定的晶核存在时，构晶物质就会在已有晶核上生长。向低过饱和度（即低于临界成核所需过饱和度）的体系中加入晶种后，这些加入的晶种就会生长，体系中不再形成新核。在这种情况下，晶体的成核和生长作用被有效分离，晶粒的粒径可以通过改变加入晶种的数量来控制。胡敏艺等人通过外加晶种法制备了平均粒径在2.5～4.5μm之间的超细铜粉[139]。

通过对液相法制粉过程的形貌粒径控制理论和方法的学习，很容易理解液相法制粉过程的复杂性及其工艺调控方式的多样性。熟练掌握和运用这些原理和方法，对新工艺、新产品的开发具有重要意义。

1.4.4 液相法制粉中的团聚与预防

在液相法制粉过程中，很容易发生粉末的团聚现象。团聚是获得单分散体系的主要障碍之一，控制团聚对于粉体粒度及粒度分布控制至关重要。

超细粉体的团聚是指原生的粉体颗粒在制备、分离、处理及存放过程中相互连接形成由多个颗粒形成的较大颗粒团簇的现象[140]。团聚现象一般分为软团聚和硬团聚[141,142]（二者结构比较如图1-12所示[141]）。软团聚是由颗粒之间的范德华力、毛细管力、静电吸引力等联合作用而成的，可以通过外加机械能或通过简单化学作用来消除，如粉碎或超声波处理；硬团聚的成因除原子、分子间的静电力和库仑力之外，又包括了固体桥力、液体桥力、化学键作用力以及氢键作用力等[143]，硬团聚过程往往是不可逆的，一旦生成将很难再彻底分开。所以在粉末加工成型过程中，硬团聚的结构不易被破坏，而且将影响粉体的性能。

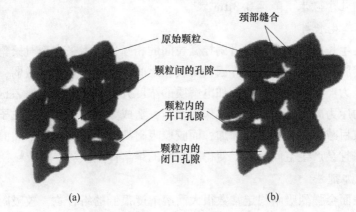

图1-12 颗粒软团聚（a）和硬团聚（b）的示意图[141]

1.4.4.1 团聚的形成与消除[144,145]

A 液相反应阶段

液相反应过程中，晶体的成核和长大还伴随着颗粒之间的碰撞合并。由于晶粒粒径很小、比表面积很大且表面存在大量不饱和键和悬键，使得其表面自由能很高。固体微细颗粒不能像液体那样自由改变其表面形状而降低自由能，因此只能通过与周围的细粒相互黏附减少比表面积，从而以团聚形式达到较为稳定的状态。该阶段的团聚主因是微粒间的范德华力、静电吸引力以及布朗运动的作用，主要为软团聚。由于固相颗粒间存在大量的液体介质，颗粒间又可产生排斥作用，因此上述团聚过程往往是可逆的，可采取以下措施进行预防和消除：

（1）利用静电斥力作用。同一液相体系中的同种固体微粒表面往往会带有同种电荷，使相互之间产生静电斥力。利用微粒间的静电斥力可有效抑制微粒间的团聚。微粒间的静电斥力的大小由粒子表面的扩散层厚度和Zeta电位决定。因此，可以通过调节温度、pH值、电解质浓度等方法使沉淀过程在低离子强度的环境下或远离等电点的区域进行，从而增强微粒间的静电斥力以阻止团聚的发生。

（2）利用凝胶位阻作用。控制沉淀反应在凝胶体内进行，产物成核与生长就会在凝胶内发生；此时，凝胶的位阻作用将会抑制微粒间的碰撞合并，由此可以防止团聚发生。

（3）利用分散剂的保护作用。分散剂包括表面活性剂、亲水高分子和配合剂，它们吸附于颗粒表面后能形成保护层，从而阻止颗粒间的碰撞合并。采用分散剂防团聚是最常用、最有效的方法。目前常用的分散剂有聚乙烯醇（PVA）、聚乙烯吡咯烷酮（PVP）、十二烷基硫酸钠（SDS）以及纤维素衍生物等。静电效应与位阻效应是分散剂阻止颗粒间发生团聚的主要原因。以 PVA 和 PVP 为例，陈永奋等人[146] 认为，当 Cu^{2+} 被还原成单质 Cu 后，铜颗粒可与 PVA、PVP 借助疏水基相互结合，通过其保护作用阻止颗粒间的聚集合并。肖寒等人[147] 在研究中发现，随着反应体系中 $n(PVP):n(Cu)$ 值的增加，铜粉的分散性逐步提高；经分析后认为，PVP 分子通过其分子侧链上的 N 和 O 原子与铜粒子进行原子配位，从而覆盖于铜颗粒表面，由此抑制纳米铜粒子间的团聚作用。

（4）利用外加机械能的分散作用。通过搅拌、超声波震荡等分散技术也可以预防和消除液相沉淀过程的颗粒团聚现象。

B 干燥阶段

在粉末干燥阶段，如果液相是水，就很容易形成粒子间的硬团聚。目前用于解释干燥过程硬团聚形成原因的理论有毛细管吸附理论、晶桥理论、氢键理论以及化学键理论。

（1）毛细管吸附理论。随着粒子表面与颗粒间孔隙中的水分在干燥过程中挥发，颗粒的相互间距减小，颗粒之间就会形成一些连通的毛细管。这时，颗粒的表面逐渐裸露，而介质蒸汽则从孔隙的两端出去，由于毛细管力的存在，在水膜中形成静拉伸压力，导致毛细管收缩，使颗粒收紧聚集，最终形成团聚体。颗粒越小时，粒子间形成的毛细管的半径也越小，液体表面张力越大，造成的毛细管作用力也越大，越容易导致硬团聚的形成。

（2）晶桥理论。由于颗粒在水中有一定的溶解能力，因此颗粒表面的羟基和部分原子会发生溶解—沉析作用而使颗粒间形成"晶桥"。在干燥过程中，毛细管力和界面张力的作用使颗粒之间的距离越来越近，而"晶桥"的存在使得颗粒之间的连接更加紧密，从而形成较大的块状聚集体。若液相中尚存微量的杂质盐类，就会形成结晶盐的"盐桥"把颗粒互相黏结，导致颗粒间硬团聚的形成。

（3）氢键理论。氢键理论认为，干燥不完全时，粉末颗粒会通过其间残留的微量水的氢键作用由"液相桥"紧密地粘在一起。该理论不够完整，不能解释大多数的硬团聚现象：如果仅是由氢键作用造成的硬团聚，那么团聚体在完全脱水或者重新进入水中后，应该能重新分散，但实际中并不会实现上述假设。

（4）化学键理论。该理论认为产生硬团聚的根源是凝胶表面金属离子的非架桥羟基。硬团聚的发生是由于相邻胶粒表面的非架桥羟基发生了如下反应：

$$Me—OH + HO—Me \Longrightarrow Me—O—Me + H_2O \tag{1-14}$$

通过以上的分析可知，水相的存在是干燥过程中粉末粒子间发生硬团聚的主要原因。因此可以通过以下几种方法来抑制硬团聚的形成：

（1）隔离水分子与颗粒的接触。在液相制备过程中就通过添加有机表面改性剂对颗粒进行包覆处理，以此隔离水分子与颗粒的接触。包覆层的存在阻止了羟基在颗粒表面的作用，消除了颗粒间的氢键连接，抑制了氧桥键的形成，从而防止了粉末的硬团聚。改性剂可以随着干燥温度的升高分解挥发，最终留下高分散的超细颗粒。

（2）脱除粉末中的水。在干燥前可用乙醇、丙酮等有机溶剂将粉末中的水洗涤去除。由于上述有机溶剂的表面张力比水低，容易挥发，脱除水后以烷氧基取代了羟基，因此在干燥后可以得到高分散的超细粉体。

在了解了团聚成因的基础上，研究人员还开发出了一些干燥脱水防团聚的新方法和新技术，主要有共沸蒸馏干燥法[148]、冷冻干燥法[149]、超临界干燥法[150]、喷雾热干燥法[151]、微波干燥法[152] 等，在此不做赘述。

1.5　液相无机包覆技术研究进展

粉体的包覆改性是伴随着粉体技术的出现和应用而发展起来的一项新技术。其原理是在原来粉体颗粒的表面上，均匀地覆盖一种或多种其他物质，形成一定厚度的包覆层，从而改变粉体原有的表面特性或赋予粉体新的性能[153,154]。目前对粉体颗粒进行包覆的方法多种多样，主要有机械化学法、超临界流体快速膨胀法以及液相化学法等。与其他方法相比，液相化学法更容易形成基体颗粒与包覆层的核/壳结构，并且设备简单，易于控制，是目前粉末无机包覆的研究热点。因此本节主要对液相化学法进行简要评述。该方法主要包括异相凝聚法、非均匀成核法、化学镀法、溶胶-凝胶法等，常用的无机表面改性剂有 TiO_2、Cr_2O_3、MgO、ZnO、Al_2O_3 等金属氧化物的盐类（能够在一定条件下水解）以及碱或碱土金属、稀土氧化物、无机酸及其盐[155]。

在用液相化学法进行粉末包覆的过程中，随着包覆机理的不同，存在核包覆和膜包覆的竞争，亦即均匀成核和非均匀成核的竞争，而覆层形态决定着包覆性能的好坏[156~158]。核包覆是覆层物质在自发成核生长成细小颗粒后附着于被包覆颗粒表面。在被包覆颗粒的粒径较大时，核包覆可实现对被包覆颗粒的完全包覆；但是当被包覆颗粒的粒径很小时，覆层物质不易在被包覆颗粒表面附着，难以实现理想的包覆效果。膜包覆是以被包覆颗粒为成核基体，通过对反应条件的调控，使覆层物质在基体表面生长并形成包覆层的方法。膜包覆的覆层分布均匀，厚度和化学组分可调，具有优异的包覆效果。不同的包覆方法得到的最终包覆层形态不尽相同，下面对几种常用的液相化学包覆方法进行简单介绍。

1.5.1　异相凝聚法

异相凝聚法的理论基础是表面带有反号电荷的微粒由于存在静电引力会发生

相互吸引作用。如果两种微粒的粒径相差很大且带有不同电荷，那么小微粒就会在凝聚过程中吸附在大颗粒表面形成包覆层。异相凝聚法形成的包覆层是典型的核包覆模式，该方法的关键在于控制微粒的表面电荷。在包覆前，可以通过添加表面活性剂，或调节溶液的 pH 值来改变微粒表面的带电性质。覃操等人[159] 研究了 Al(OH)₃ 包覆纳米 TiO₂ 的机理，得出 Al(OH)₃ 在水中的等电点为 6.8，而 TiO₂ 颗粒在水中的等电点为 4.6，体系 pH< 4.6 或 pH>6.8 时，二者表面所带电荷相同，存在静电斥力；而体系 pH 值在 4.6~6.8 之间时，二者表面带有相反的电荷，包覆的动力是靠库仑引力使 Al(OH)₃ 吸附到 TiO₂ 颗粒表面形成包覆层。异相凝聚法的优点在于可对各种组成的微粒进行包覆，但是该方法对微粒粒径的匹配度和溶液的 pH 值有非常严格的要求，并且基于电荷吸引而形成的包覆层易于脱落。

1.5.2 非均匀成核法

非均匀成核法的原理是让覆层物质以基体颗粒为核进行生长，从而形成膜状包覆层[160]。在非均相体系中，新相在原有固相表面生长时体系表面自由能的增量小于自身成核时体系表面自由能的增量，所以新相在异相界面的生长优先于均匀成核。用该法包覆粉末颗粒时，关键在于控制覆层物质的浓度，使其介于异相生长所需的临界浓度与均匀成核所需的临界浓度之间，从而以被包覆颗粒为基体优先生长，实现包覆。非均匀成核包覆发生时应当满足式 (1−15)[161,162]：

$$\frac{2000\pi\gamma_{LS}^3}{81\Delta G_V^2}f(\theta) \leqslant RT\ln\frac{c_0}{c} \leqslant \frac{2000\pi\gamma_{LS}^3}{81\Delta G_V^2} \qquad (1-15)$$

式中　γ_{LS}——液固界面能；

ΔG_V——液-固相变时，单位体积中新旧相之间的自由能的变化，$\Delta G_V = G_{液} - G_{固}$；

θ——新相与成核基体的接触角；

T——处理温度；

c——覆层物质在溶液中的实际浓度；

c_0——覆层物质在温度 T 时的饱和溶液浓度；

R——理想气体常数。

由式 (1−15) 可以看出，覆层物的浓度 c 必须控制在一定范围内，若控制不当，覆层物质的浓度高于临界饱和浓度则会发生均匀成核的现象并形成独立沉淀，而不能在基体颗粒表面形成膜包覆。

根据覆层物质的产生路线不同，又可将非均匀成核法分为水解包覆、直接沉淀包覆和置换包覆等：

（1）水解包覆通过金属离子的水解生成覆层物质。方吉祥等人[163] 利用 Al³⁺

缓慢水解生成 $Al(OH)_3$ 并使其以 TiH_2 为基体生长，通过后续处理得到了覆层致密、均匀的 Al_2O_3/TiH_2 包覆粉体。王志兴等人[164] 利用 Al^{3+} 的缓慢水解在 $LiMn_2O_4$ 尖晶石表面包覆了 $Al(OH)_3$。

（2）直接沉淀包覆通过加入沉淀剂生成覆层物质来包覆基体颗粒。Pol 等人[165] 用氨水作沉淀剂在 TiO_2 表面均匀包覆了一层 Eu_2O_3。直接加入法对强电离沉淀剂的滴入速度有较高要求，以避免局部沉淀剂过量，致使发生均匀成核。而利用试剂均匀沉淀法可使沉淀剂得到缓慢释放，更容易实现非均匀成核包覆。刘旭俐[166] 将 $AlCl_3$ 和尿素按比例加入基体颗粒悬浮液中，然后通过加热使尿素水解产生 OH^- 并与 Al^{3+} 生成 $Al(OH)_3$ 沉淀，实现 $Al(OH)_3$ 在 Gd_2O_3 与 CeO_2 复合颗粒表面的非均匀成核包覆。

（3）置换包覆是利用置换反应生成金属单质在基体颗粒表面形成金属覆层的方法。张锐等人[167] 将纳米 SiC 粉体的悬浊液加入 $CuSO_4$ 溶液中，而后分批加入还原金属粉末（Al、Fe、Zn），辅以超声分散和强烈搅拌，通过置换反应生成单质铜并使其均匀地包裹在 SiC 颗粒表面。

在非均匀成核包覆时，温度、反应物浓度以及 pH 值对覆层物的浓度 c 的影响将决定包覆层的优劣[160]：

（1）温度的影响。温度可以控制金属离子的水解速率。温度过低时，金属离子或均匀沉淀试剂的水解速率缓慢，延长工艺过程；温度过高时，金属离子水解加快，易造成覆层物质的均匀成核。Garg 等人[168] 考察了反应温度对甲酰胺水解沉淀 Zr^{4+} 包覆 Fe_2O_3 的影响，发现反应温度在 $60℃$ 时甲酰胺基本不水解，无法实现包覆；而 $80℃$ 时甲酰胺水解过快，ZrO_2 发生了均匀成核并生成独立沉淀；在 $70℃$ 左右时，实现了对 Fe_2O_3 的良好包覆。

（2）反应物浓度的影响。魏明坤等人[156] 用 Al_2O_3 包覆鳞片状石墨时发现，Al^{3+} 浓度过高时会与 OH^- 迅速反应，发生均匀成核并形成独立沉淀，不能对石墨颗粒形成包覆；而 Al^{3+} 浓度过低时，会造成覆层物质非均匀成核的驱动力过低，包覆过程极其缓慢，并且 Al^{3+} 反应不完全，利用率较低。

（3）pH 值的影响。第一，pH 值决定了溶液中 OH^- 的浓度。若 pH 值过高，就必须控制金属离子的浓度处于极低状况，才能避免均匀成核的发生；若 pH 值过低，不利于覆层物质的生成，而且会因金属离子反应不完全而造成浪费。第二，pH 值会对颗粒的 Zeta 电位产生影响。Zeta 电位的绝对值越大，颗粒越分散，越容易实现对基体颗粒的完全包覆。另外，当 pH 值处于基体颗粒和覆层晶核的等电点之间时，静电引力有利于覆层物质在基体颗粒表面沉积生长。第三，基体颗粒表面 OH^- 离子的悬键对金属离子具有强的吸附作用，可促进可覆层物质在基体颗粒表面的沉积[155]。

1.5.3 化学镀层法

化学镀层法在金属复合粉末和陶瓷粉体表面包覆改性方面的应用较多，其工艺过程是：首先配制镀液，而后将需包覆的粉末加入镀液中，并不断搅拌，镀液中的金属离子经催化还原后生成金属单质并沉积于粉体表面形成覆层，最后进行固液分离，再干燥处理。化学镀的关键在于镀液的配制，镀液的性状和组成对其镀覆能力有很大影响。另外，溶液 pH 值可通过影响金属离子的还原速度和镀液的稳定性进而对化学镀层的沉积速度产生影响[169]，温度对金属离子的沉积速度也会产生影响[170]。张超[171] 对纳米 Al_2O_3 与 TiC 的混合粉末采用低温超声波化学镀 Co，制备了 $Co/Al_2O_3/TiC$ 复合粉，烧结后得到了综合性能较好的陶瓷。Fang 等人[172] 采用 Co(II) 作催化剂，KBr 作稳定剂，在多孔 Al_2O_3 表面进行了化学镀银，并对银沉积的理论模型和动力学以及镀层的结合力进行了研究，并借助计算机对银沉积的模型进行了模拟。廖辉伟等人[173] 采用两步活化法对基体铜粉敏化、活化后，在其表面形成催化剂 Pd，然后用葡萄糖作还原剂，用 PVP 和 OP-10 的混合液作分散剂，对纳米铜粉进行镀银包覆，获得了二维网状的铜/银双金属粉。徐锐等人[174,175] 将铜粉敏化、活化后用水合肼还原银氨溶液进行铜粉镀银，制备了核壳型铜/银双金属粉，由此提高了铜粉的抗氧化性能。

1.5.4 溶胶-凝胶法

Fathi A. Selmi 等人[176] 在 20 世纪 80 年代就采用溶胶-凝胶法对 $Sb-SnO_2$、$BaTiO_3$ 等材料进行了包覆改性。采用溶胶-凝胶法对颗粒进行无机包覆的工艺过程是：首先将覆层物质的前驱物溶于水或有机溶剂，而后向前驱物溶液中加入被包覆颗粒；溶质与溶剂经水解或醇解反应得到改性剂溶胶，溶胶经处理转变成凝胶，最后高温煅烧凝胶得到包覆粒子，从而实现粉体的掺杂改性[177]。

崔爱莉等人[178] 研究了 SiO_2 包覆 TiO_2 的机理，发现 SiO_2 不是简单的物理包膜，而是借助羟基非常牢固地键合在 TiO_2 表面。崔爱莉通过分析，将包覆过程分为两个阶段。在第一阶段中，向含有 Na_2SiO_3 的 TiO_2 浆液中滴加酸后体系内生成了活性硅溶胶并迅速吸附于 TiO_2 粒子的表面，该阶段总体表现为一个快速物理吸附过程；在第二阶段中，被吸附的硅溶胶逐渐胶凝成膜，经干燥脱水后生成致密的 SiO_2 膜，该阶段中，成膜过程缓慢，是包覆的控制步骤。Yoshio Kobayashi 等人[179] 采用溶胶-凝胶法制得了 SiO_2 包覆纳米 Ag 颗粒的包覆粒子，发现覆层物质前驱物溶液的组成和浓度对包覆效果有很大影响。当 Ag 的用量为 0.018mol，调节正硅酸乙酯（TEOS）和水的用量分别在 6~15mol 和 11.1~20mol 变化时，制得了一系列覆层厚度在 28~76nm 之间的包覆微粒。TEOS 浓度越高，包覆层厚度越大；但是当 TEOS 的浓度继续增大时，体系中会形成大量

SiO_2 纳米颗粒。Egon Matijevic 等人[168] 在用 TiO_2 包覆 ZnO 颗粒时也发现了类似问题，认为水的加入量是包覆效果的关键影响因素：当加入量不足时，得不到具有预期厚度的包覆层；加入量过高时，体系内会生成单独的纳米 TiO_2 颗粒。

上述包覆方法中，非均匀成核法的应用最为广泛。但是该技术还未完全成熟，不同包覆机理均是针对某一具体包覆体系提出来的，难具普遍指导意义，需要根据具体的工艺过程对工艺条件进行选择和控制。

1.6　工艺技术设计

目前，符合 MLCC 电极要求的超细铜粉的制备方法主要有液相还原法和气相法。气相法制备的铜粉通常为规则的球形，但是铜粉粒径分布通常很宽，投资与能耗也比较大；液相还原法制备铜粉具有设备投资少、操作简单等优点，但是制得的铜粉都不同程度地存在粒径不均、团聚、形貌不规则等缺点。

相对于溶液中金属晶体的形貌粒径控制，目前对金属氧化物形貌粒径的控制技术比较成熟。因此，本书的主要工艺思路是：通过 H_2 还原 Cu_2O 粉末制备超细铜粉，将铜粉的形貌粒径控制转化为对 Cu_2O 颗粒的形貌粒径控制，以增强铜粉形貌粒径的可控性。但是，用 H_2 还原球形 Cu_2O 法制备的铜粉质地疏松，振实密度低，需进行高温致密化处理。为防止铜颗粒在高温致密化处理时发生烧结现象，本书提出了先用 $Al(OH)_3$ 对 Cu_2O 颗粒进行包覆，然后通过 H_2 还原和高温致密化制备球形超细铜粉新工艺。

本书研究的工艺包括以下几部分内容：

（1）形貌粒径可控的球形 Cu_2O 颗粒的制备；

（2）Cu_2O 颗粒的 $Al(OH)_3$ 包覆；

（3）$Al(OH)_3/Cu_2O$ 包覆粉末的还原与铜粉的致密化处理。

工艺基本流程为：硫酸铜→$Cu(OH)_2$ 前驱体的制备→葡萄糖还原 $Cu(OH)_2$ 制备 Cu_2O 颗粒→Cu_2O 颗粒的 $Al(OH)_3$ 包覆→$Al(OH)_3/Cu_2O$ 包覆粉末的 H_2 还原→铜粉的高温致密化→包覆层的去除→铜粉。

2 氧化亚铜颗粒制备工艺的研究与确定

2.1 引　言

在本章的铜粉制备过程中，Cu_2O 颗粒是制备 MLCC 电极用超细铜粉的前驱体，铜粉的形貌粒径可间接地通过对 Cu_2O 的形貌粒径控制来实现。由于 MLCC 导电浆料对铜粉形貌、粒径等性状指标要求很高，因此首先需要制备出分散性好、形貌粒径可控的球形 Cu_2O 颗粒。

目前，对液相还原法制备 Cu_2O 颗粒的研究较多，产品形貌粒径控制的方法也相对成熟。液相还原法中，常用的还原剂有水合肼、甲醛、抗坏血酸、次磷酸钠、硼氢化钠、葡萄糖等。其中葡萄糖是一种常见的化工产品，无毒，价格相对低廉，生产过程经济安全；葡萄糖还是一种温和的还原剂，在不高的温度和常压下可将二价铜（Cu（Ⅱ））还原成一价铜（Cu（Ⅰ）），而不会进一步还原成单质铜，使得产品纯度很高。因此，本章拟采用 $CuSO_4 \cdot 5H_2O$ 为二价铜源，用葡萄糖在碱性液相条件下还原 Cu（Ⅱ）制备 Cu_2O 颗粒。制备过程的总反应式如下：

$$2Cu^{2+} + C_6H_{12}O_6 + 5OH^- \rightleftharpoons Cu_2O\downarrow + C_6H_{11}O_7^- + 3H_2O \qquad (2-1)$$

由于 Cu^{2+} 与 OH^- 混合后会发生反应，因此在碱性液相还原反应中，Cu（Ⅱ）可能以 $Cu(OH)_2$、CuO、Cu^{2+} 及 $CuOH^+$、$Cu(OH)_2^0$、$Cu(OH)_3^-$、$Cu(OH)_4^{2-}$ 等几种配离子形态存在于体系中，最终以 Cu^{2+} 的形式参与还原反应并析出 Cu_2O。如果不同实验体系中上述各形态 Cu（Ⅱ）的组分比重不同，必将影响不同反应过程中 Cu^{2+} 的释放速率，进而对反应过程的 Cu^{2+} 浓度与体系 pH 值产生影响，使得产物性能发生变化，工艺过程无法重复。因此要得到纯度高、分散性好的 Cu_2O 颗粒，并且使工艺过程有较好的重现性，就需探索出一个相对稳定的体系，力求 Cu（Ⅱ）在体系中的存在形态组分单一。

由于该工艺面向工业化生产，不同批次产品在形貌粒径等性能上不应出现较大偏差，工艺过程的良好重现性与产品的高性能同等重要。因此，本部分着重探讨了制备 Cu_2O 的工艺路线对最终颗粒的分散性、均匀性、生产体系的稳定性以及工艺过程重现性的影响，并确定了最佳的工艺路线，为后续章节中 Cu_2O 颗粒的形貌粒径控制的研究确立比较稳定的实验体系。

2.2 工艺研究

2.2.1 试剂与仪器

本研究使用的主要试剂与仪器见表2-1，实验装置如图2-1所示。

表2-1 实验试剂与仪器

化学试剂或仪器名称	规格/型号	产地
硫酸铜（$CuSO_4 \cdot 5H_2O$）	分析纯（A.R.）	天津市大茂化学试剂厂
葡萄糖（$C_6H_{12}O_6 \cdot H_2O$）	分析纯（A.R.）	国药集团化学试剂有限公司
氢氧化钠（NaOH）	分析纯（A.R.）	天津市大茂化学试剂厂
无水乙醇	分析纯（A.R.）	天津市大茂化学试剂厂
去离子水	电导率小于$1\mu S/cm$	湖南禹之神环保科技有限公司
水浴恒温反应釜	RAT-1型	上海申顺生物仪器有限公司
玻璃反应釜	体积为1L	自制
数字酸度计	PHS-25C	上海鹏顺科学仪器有限公司
鼓风干燥箱	GZX-9030MBE	上海博迅公司
真空干燥箱	DZF-6050型	上海精宏实验设备厂
离心机	DL-5-B型	日本日立机械公司
扫描电镜	JEOL-6360 LV型	日本
X射线衍射仪	Rigaku D/max 2550型	日本

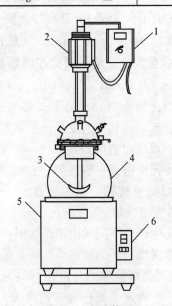

图2-1 实验装置

1—调速器；2—电机；3—搅拌浆；4—玻璃反应釜；5—水浴加热器；6—温控仪

2.2.2 研究内容与步骤

在典型的 Cu_2O 粉末颗粒的制备过程中，首先按表 2-2 分别配制一定浓度的 $CuSO_4$ 溶液、NaOH 溶液和葡萄糖溶液；而后将上述 3 种反应溶液按不同的加料方式混合，最后在一定温度下恒温反应 1h。所得的 Cu_2O 浆料经离心分离（3000r/min）后，用纯水洗涤 5 次，无水乙醇洗涤 2 次，最后 65℃下鼓风干燥 24h 得到最终产品。反应液的混合与 Cu_2O 制备均在搅拌条件下进行，搅拌速率均为 500r/min。

表 2-2 溶液的配制

试剂名称	硫酸铜溶液 $CuSO_4 \cdot 5H_2O$	氢氧化钠溶液 NaOH	葡萄糖溶液 $C_6H_{12}O_6 \cdot H_2O$
试剂用量/g	50	20	40
体积/mL	200	200	200
浓度/mol·L^{-1}	1.0	2.5	2.0

由于 Cu^{2+} 与 OH^- 混合后会发生沉淀反应，所以上述 3 种溶液按照不同顺序混合后，反应体系的形态也不尽相同。混合 3 种反应溶液时，根据最后加入的溶液种类可将加料方式分为 $CuSO_4$ 加入法、NaOH 加入法以及葡萄糖加入法；又根据加料速度可分为瞬时加入法、分步加入法和滴加法。其中，以 $CuSO_4$ 加入法和 NaOH 加入法进行加料时，在前两种物料混合后体系仍会保持液态，实验过程可以视为液相反应法；而以葡萄糖加入法进行加料时，先加入的 $CuSO_4$ 和 NaOH 会首先发生沉淀反应，还原反应所需的 Cu^{2+} 主要由固相沉淀所释放，可以视为液固反应法。

2.2.2.1 液相反应法加料

（1）$CuSO_4$ 瞬时加入法。将 3 种反应溶液分别加热至 50℃，先将葡萄糖溶液和 NaOH 溶液加入反应器混合，而后迅速将 $CuSO_4$ 溶液倾入反应器，在 50℃下恒温反应。

（2）$CuSO_4$ 滴加法。将 3 种反应溶液分别加热至 50℃，先将葡萄糖溶液和 NaOH 溶液加入反应器混合，而后缓慢滴入 $CuSO_4$ 溶液，保持体系温度为 50℃，恒温反应。

（3）NaOH 瞬时加入法。将 3 种反应溶液分别加热至 50℃，先将葡萄糖溶液和 $CuSO_4$ 溶液加入反应器混合，而后迅速加入 NaOH 溶液，最后在 50℃下恒温反应。

（4）NaOH 滴加法。将 3 种反应溶液分别加热至 50℃，先将葡萄糖溶液和

$CuSO_4$ 溶液加入反应器混合，而后缓慢滴入 NaOH 溶液，保持体系温度为 50℃，恒温反应。

2.2.2.2 液固反应法加料

（1）快速加碱沉淀法。先将室温的 $CuSO_4$ 溶液加入反应器，而后将室温的 NaOH 溶液迅速加入反应器与 $CuSO_4$ 溶液混合，再将混合浆料加热至 50℃，最后加入预先升温到 50℃的葡萄糖溶液，在 50℃下恒温反应。

（2）分步加碱沉淀法。先将室温的 $CuSO_4$ 溶液加入反应器，而后每隔 10min 加入 20mL 室温的 NaOH 溶液，待 NaOH 溶液加完后将混合浆料升温至 50℃，最后加入预先升温到 50℃的葡萄糖溶液，在 50℃下恒温反应。

（3）快速加铜盐沉淀法。先将室温的 NaOH 溶液加入反应器，而后将室温的 $CuSO_4$ 溶液迅速加入，再将混合浆料加热至 50℃，最后加入预先升温至 50℃的葡萄糖溶液，在 50℃下恒温还原。

（4）分步加铜盐沉淀法。先将常温的 NaOH 溶液加入反应器，而后逐滴加入 $CuSO_4$ 溶液，待 $CuSO_4$ 溶液加完后将浆料升温至 50℃，最后加入预先加热至 50℃的葡萄糖溶液，在 50℃下恒温还原。

2.2.3 产物的表征

用 JEOL-6360 LV 型扫描电镜仪观察产物粒子的形貌以及分散性，并利用 Smail View 软件测量 SEM 照片中产物颗粒的粒径，然后用统计方法求出 SEM 照片中的产物颗粒的平均粒径及其粒径分布。用 Rigaku D/max 2550 型 X 射线衍射仪进行产物的物相分析（分析条件：$Cu\ K_\alpha$ 靶，$\lambda = 0.15406nm$，管电压 40kV，管电流 300mA）。

2.3 技术效果

2.3.1 物相分析

在图 2-2 中给出了本研究所制粉末的典型 XRD 图谱。经与 Cu_2O 晶体的标准 XRD 值对照，其特征峰位与 Cu_2O 的标准 X 射线衍射图谱完全一致，表明在图 2-2 中表征的产物为 Cu_2O，且纯度较高。

通过对不同加料方式反应所得的产物粉末进行 XRD 分析得出，本研究中各批次产物粉末的 XRD 图谱中，其特征峰的峰位与图 2-2 中的产物相同，只是在特征峰强度与半峰宽方面存在一定差异，说明各批次实验所得产物均为纯度较高的 Cu_2O。

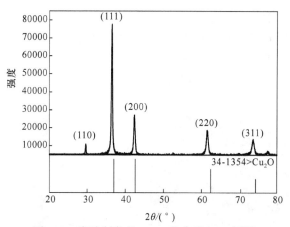

图 2-2   实验制备的 Cu_2O 的典型 XRD 图谱

2.3.2　液相反应法与液固反应法的比较与选择

以液相反应法制备的 Cu_2O 粉末的 SEM 图像如图 2-3 所示，以液固反应法制备的 Cu_2O 粉末的 SEM 图像如图 2-4 所示。

图 2-3   液相反应法制备的 Cu_2O 粉末的 SEM 图像

（a）$CuSO_4$ 瞬时加入法；（b）$CuSO_4$ 滴加法；（c）NaOH 瞬时加入法；（d）NaOH 滴加法

从图 2-3 可以看出，以液相反应法制备的 Cu_2O 粉末都发生了颗粒间的团聚现象。其中，采用 $CuSO_4$ 瞬时加入法和 NaOH 瞬时加入法工艺制备的 Cu_2O 粉末存在明显的硬团聚现象；采用 $CuSO_4$ 滴加法和 NaOH 滴加法工艺制备的 Cu_2O 粒子为大小不一的球形，团聚现象较瞬时加入法有所减缓。

图 2-4 液固反应法制备的 Cu_2O 粉末的 SEM 图像
(a) 快速加碱沉淀法；(b) 分步加碱沉淀法；(c) 快速加铜盐沉淀法；(d) 分步加铜盐沉淀法

从图 2-4 可以看出，以液固反应法制备的 Cu_2O 粉末颗粒分散性良好，表面光滑，单体颗粒呈球形；以分步加碱沉淀法制备的 Cu_2O 颗粒粒径较为均匀，而其他 3 种方法制备的 Cu_2O 颗粒粒径分布较宽。

根据 Lamer 模型[112]（见图 1-11），沉淀析出过程分为准备、成核、生长三个阶段。要在液相中析出单分散固体颗粒，必须控制产物溶质的过饱和度，尽可能地使沉淀过程按"爆发成核，缓慢生长"的模式进行，将成核与生长过程尽量分离。但是成核与生长过程不是独立存在的，Tadao Sugimoto 得出的成核与生长速度的浓度关系曲线[112]（见图 2-5）直观地说明了成核过程伴随着生长，但是生长阶段不一定存在成核的沉淀产生模式。

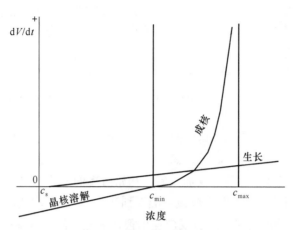

图 2-5　成核与生长速度的浓度关系曲线[112]

V—固体沉淀的总体积

图 2-5 中，当溶质浓度大于 Lamer 模型中的最低过饱和浓度 c_{min} 时，成核速度随着溶质浓度增加急剧增大，晶核的生长速度也随着溶质浓度的增加逐渐增大；当溶质浓度小于 c_{min} 时，不存在成核现象，但是在有晶核存在的条件下，存在生长现象。将 Tadao Sugimoto 的成核与生长速度的浓度关系曲线与 Lamer 模型结合后可知，如果 Lamer 模型中沉淀反应的成核阶段（阶段Ⅱ）很短，就可实现爆发成核，最大限度地使成核与生长分离，得到均匀分散的颗粒；但是如果 Lamer 模型中成核阶段（阶段Ⅱ）延续时间过长，溶质的浓度长时间在 c_{min} 与 c_{max} 之间停留，必然会导致成核与生长过程的长时间共存，这样体系内就可能发生二次成核以及若干晶核共基元生长的现象，从而很难得到粒径均匀、分散性好的粉末颗粒。

本研究中，以液相反应法制备的 Cu_2O 粉末都发生了颗粒间的团聚现象，以瞬时加入法制得的 Cu_2O 粉末明显硬团聚，以滴加法制得的 Cu_2O 粒子的团聚现象有所减弱。以液固反应法制备的 Cu_2O 颗粒分散性良好。其原因如下：

（1）以 $CuSO_4$ 瞬时加入法和 NaOH 瞬时加入法进行加料时，由于实验原料的投加浓度很高，各反应物（Cu^{2+}、葡萄糖、OH^-）在体系中混合时均以较高浓度存在，因此反应持续快速进行，导致反应生成的 Cu^+ 的浓度长时间在 Lamer 模型中的 c_{min} 与 c_{max} 之间停留。就有如下团聚情况出现：

1）早期产生的晶核由于范德华力作用相互吸引发生了软团聚；

2）在搅拌作用未及时消除初始软团聚时，快速的生长使团聚体以化学键模式进一步桥接，发生共基元生长现象，导致团聚模式转变为硬团聚；

3）后续产生的晶核依前面两种团聚步骤形成新的团聚体或团聚于早期形成

的团聚体表面，使团聚现象进一步恶化。

（2）以 $CuSO_4$ 滴加法和 NaOH 滴加法进行加料时，由于反应物为缓慢滴入，因此在初始颗粒密度较低的情况下，搅拌作用可及时消除软团聚，产物 Cu_2O 颗粒基本上得到分散。但是在 $CuSO_4$ 溶液或者 NaOH 溶液滴入时，会造成反应溶液在接触的局部浓度很高，使得 Cu_2O 在这一区域快速生成，最终造成该区域的 Cu_2O 晶粒发生共基元生长，导致团聚的出现。由此，制备的 Cu_2O 颗粒仍然存在轻微的团聚现象。

（3）以液固反应法制备 Cu_2O 颗粒时，二价铜源在 $CuSO_4$ 溶液与 NaOH 溶液混合后主要以 $Cu(OH)_2$、CuO 形态存储，游离的 Cu^{2+} 浓度极低，反应过程实质上是一个沉淀转变过程。葡萄糖加入后，初始游离的 Cu^{2+} 迅速反应使 Cu^+ 的浓度跃过 Lamer 模型中的 c_{min}，发生成核，继而到达 c_{max}；由于后续反应所需 Cu^{2+} 出自 $Cu(OH)_2$ 等前驱物的缓慢释放，反应速率很快降低，使得体系中 Cu^+ 的浓度迅速下降至 Lamer 模型中的生长阶段，只生长，不成核，从而有效实现了 Cu_2O 颗粒成核生长过程的分离。上述过程中，一方面固相前驱物的位阻作用与搅拌作用同时作用可以避免晶核大量团聚；另一方面"爆发成核，缓慢生长"模式避免了晶核的共基元生长，最终得到了单分散的 Cu_2O 颗粒。

从以上结果可以看出，采用液相反应法制备的 Cu_2O 粒子团聚严重，明显不适合于 Cu_2O 粉体的制备；而采用液固反应法制备的 Cu_2O 颗粒分散性良好，因此以下将对液固反应法进行更深入的研究。

2.3.3　加料方式对 $Cu(OH)_2$ 前驱体稳定性的影响

实验中发现，液固反应法制备 Cu_2O 颗粒时，以不同加料方式制备的 Cu_2O 颗粒粒径均匀性存在差异。因此，需要对液固反应法的加料方式进行进一步研究，以探索较优的 $CuSO_4$ 溶液与 NaOH 溶液混合工艺，制备符合本工艺要求的 Cu_2O 颗粒。

$Cu(OH)_2$ 是热力学不稳定的，在稍高的温度下（>50℃）就会快速脱水生成黑色的 CuO；同时，$Cu(OH)_2$ 凝胶在稍微过量的碱存在时也会迅速分解。一些专利文献公开了多种商业制备稳定的 $Cu(OH)_2$ 的方法，通过添加碳酸盐、磷酸盐以及甘油等稳定剂来抑制 $Cu(OH)_2$ 脱水分解[180,181]。本研究中，$Cu(OH)_2$ 作为制备 Cu_2O 的前驱体不宜引入杂质，因此需通过改变加料工艺来制备稳定性较高的 $Cu(OH)_2$ 前驱体。

除固态的 $Cu(OH)_2$ 之外，Cu（Ⅱ）在固液体系中还能以 CuO、Cu^{2+}、$CuOH^+$、$Cu(OH)_2^0$、$Cu(OH)_3^-$、$Cu(OH)_4^{2-}$ 等多种形态存在，并且上述各组分所占比重随体系 pH 值的变化会发生变化。因此需对 $Cu^{2+}-H_2O$ 系中各种配离子的热力学平衡进行研究，并以此为基础分析加料方式对前驱体性质的影响。在含铜水溶液中，$CuOH^+$、$Cu(OH)_2^0$、$Cu(OH)_3^-$、$Cu(OH)_4^{2-}$ 四种配离子在298.15K下的逐级稳定常数[182] 分别为：

$$Cu^{2+} + OH^- = CuOH^+$$

$$K_1 = \frac{c_{CuOH^+}}{c_{Cu^{2+}} c_{OH^-}} = 107.0 \tag{2-2}$$

$$CuOH^+ + OH^- = Cu(OH)_2^0$$

$$K_2 = \frac{c_{Cu(OH)_2^0}}{c_{CuOH^+} c_{OH^-}} = 10^{6.68} \tag{2-3}$$

$$Cu(OH)_2^0 + OH^- = Cu(OH)_3^-$$

$$K_3 = \frac{c_{Cu(OH)_3^-}}{c_{Cu(OH)_2^0} c_{OH^-}} = 10^{3.32} \tag{2-4}$$

$$Cu(OH)_3^- + OH^- = Cu(OH)_4^{2-}$$

$$K_4 = \frac{c_{Cu(OH)_4^{2-}}}{c_{Cu(OH)_3^-} c_{OH^-}} = 10^{1.5} \tag{2-5}$$

在 $CuSO_4$ 溶液与 NaOH 溶液混合后的体系中，$Cu(OH)_2(s)$ 与各形态配离子的平衡关系以及平衡常数如下：

$$Cu(OH)_2(s) = Cu^{2+} + 2OH^-$$

$$K_{s0} = c_{Cu^{2+}} c_{OH^-}^2 \tag{2-6}$$

由文献 [182] 可知：$K_{s0} = 2.2 \times 10^{-20}$。

$$Cu(OH)_2(s) = CuOH^+ + OH^-$$

$$K_{s1} = c_{Cu(OH)^+} c_{OH^-} = K_{s0} \times K_1 = 2.2 \times 10^{-13} \tag{2-7}$$

$$Cu(OH)_2(s) = Cu(OH)_2^0$$

$$K_{s2} = c_{Cu(OH)_2^0} = K_{s1} \times K_2 = 1.06 \times 10^{-6} \tag{2-8}$$

$$Cu(OH)_2(s) + OH^- = Cu(OH)_3^-$$

$$K_{s3} = \frac{c_{Cu(OH)_3^-}}{c_{OH^-}} = K_{s2} \times K_3 = 2.19 \times 10^{-3} \tag{2-9}$$

$$Cu(OH)_2(s) + 2OH^- = Cu(OH)_4^{2-}$$

$$K_{s4} = \frac{c_{Cu(OH)_4^{2-}}}{c_{OH^-}^2} = K_{s3} \times K_4 = 6.92 \times 10^{-2} \tag{2-10}$$

式 (2-6) ~ 式 (2-10) 两边同取对数，计算后可得：

$$pc_{Cu^{2+}} = 2pH - 8.34 \tag{2-11}$$

$$pc_{CuOH^+} = pH - 1.34 \tag{2-12}$$

$$pc_{Cu(OH)_2^0} = 5.98 \tag{2-13}$$

$$pc_{Cu(OH)_3^-} = 11.66 - pH \tag{2-14}$$

$$pc_{Cu(OH)_4^{2-}} = 29.16 - 2pH \tag{2-15}$$

将式（2-11）~式（2-15）在 pc-pH 坐标系中作图，得图 2-6。

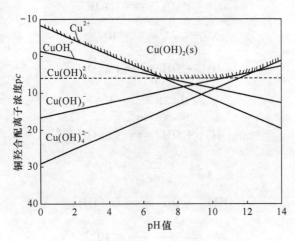

图 2-6　298K 下 Cu^{2+}-H_2O 系 pc-pH 图

在图 2-6 中，每一条直线表示与 $Cu(OH)_2$ 固相平衡时对应的配离子浓度与 pH 值的关系，所有直线包围的区域就是 $Cu(OH)_2$ 的沉淀区域，即 $Cu(OH)_2$ 的固相稳定区。pH 值不同时，溶液中 Cu（Ⅱ）的各配离子浓度差异较大：Cu^{2+}、$CuOH^+$ 的浓度随着体系 pH 值降低而升高，在低 pH 值条件下，$Cu(OH)_2$ 沉淀趋向于转变为 Cu^{2+}、$CuOH^+$，$Cu(OH)_3^-$、$Cu(OH)_4^{2-}$ 的浓度随体系 pH 值的升高而增大；在高 pH 值条件下，$Cu(OH)_2$ 趋向于生成 $Cu(OH)_3^-$、$Cu(OH)_4^{2-}$ 配离子。

在液固反应法的实验过程中发现，以不同加料方式混合 $CuSO_4$ 溶液与 NaOH 溶液时，实验现象与所得前驱体的性状有所不同，结果见表 2-3。

表 2-3　不同加料方式的实验现象与所得前驱体性状

加料方式	实验现象与前驱体性状
快速加碱沉淀法	两种溶液混合后生成深蓝色的胶状物，搅拌后变为较小胶粒；部分胶粒在升温时变黑，前驱体浆料变为墨绿色
分步加碱沉淀法	前期批次的 NaOH 溶液加入至 $CuSO_4$ 溶液后生成深蓝色胶状物，搅拌后变为淡蓝色沉淀；浆料随着 NaOH 继续加入变得黏稠，颜色转为深蓝色；前驱体在升温时不易变色，性状稳定
快速加铜盐沉淀法	两种溶液混合后生成细小的深蓝色胶粒；微量胶粒在常温下就会变黑，温度升高至40℃以上后，胶粒开始迅速脱水变黑
分步加铜盐沉淀法	$CuSO_4$ 溶液滴入 NaOH 溶液的瞬时生成了蓝色的胶状物，搅拌时逐渐溶解（$CuSO_4$ 滴速加快时，该胶状物会迅速转变为不溶的黑色颗粒）；随着 $CuSO_4$ 滴入量的增加，体系内逐渐出现蓝色沉淀而变得黏稠；浆料在升温时伴有轻微脱水现象

以加碱沉淀法进行加料时，Cu^{2+} 经历了碱度由低到高的过程，$Cu(II)$ 在体系内转移的理论方式为：$Cu^{2+} \rightarrow Cu(OH)^+ \rightarrow Cu(OH)_2 \rightarrow Cu(OH)_3^- \rightarrow Cu(OH)_4^{2-}$。

快速加碱沉淀法由于加料迅速，上述转移过程不明显。NaOH 溶液与 $CuSO_4$ 溶液的快速混合使体系内迅速生成大量的 $Cu(OH)_2$ 凝胶，此时整个体系处于碱性状态，$Cu(OH)_2$ 凝胶易于脱水分解。而以分步加碱沉淀法进行加料时，上述转移过程较为明显：由于初始 pH 值较低，前期批次的 NaOH 溶液与 $CuSO_4$ 溶液混合生成的 $Cu(OH)_2$ 凝胶通过搅拌可溶解生成 $Cu(OH)^+$ 配离子或转变为更加稳定的 $Cu(OH)_2$ 沉淀；随着 NaOH 溶液的继续加入，体系变为碱性，部分 $Cu(OH)_2$ 沉淀溶解并与 OH^- 逐步配合生成 $Cu(OH)_3^-$、$Cu(OH)_4^{2-}$ 配离子，整个过程避免了 $Cu(OH)_2$ 凝胶遇碱脱水。

以加铜盐沉淀法进行加料时，Cu^{2+} 经历了碱度由高到低的过程，$Cu(II)$ 在体系内转移的理论方式为：$Cu^{2+} \rightarrow Cu(OH)_4^{2-} \rightarrow Cu(OH)_3^- \rightarrow Cu(OH)_2$。

以快速加铜盐沉淀法加料时，上述转移过程同样不够明显，初始反应生成的 $Cu(OH)_2$ 凝胶由于处于碱性条件下，所以容易脱水分解。以分步加铜盐沉淀法进行加料时，Cu^{2+} 滴入 NaOH 溶液后首先在局部生成 $Cu(OH)_2$ 凝胶；由于碱度较高，$Cu(OH)_2$ 凝胶在搅拌条件下逐步与 OH^- 配合生成 $Cu(OH)_3^-$、$Cu(OH)_4^{2-}$ 并溶解；随着 Cu^{2+} 的继续滴入，体系的 pH 值的降低，$Cu(OH)_3^-$、$Cu(OH)_4^{2-}$ 又逐步转变为较稳定的 $Cu(OH)_2$ 沉淀。但是用分步加铜盐沉淀法制备前驱体对 Cu^{2+} 的滴入速率较为敏感，沉淀过程不易控制：Cu^{2+} 的滴速过快会造成 $Cu(OH)_2$ 凝胶在局部的快速生成且来不及与 OH^- 配合溶解，从而在碱性条件下脱水分解，使前驱体组分发生变化，所以用该法较难制备出性状稳定的前驱体。

2.3.4 前驱体稳定性对 Cu_2O 粉体性能的影响

2.3.4.1 前驱体稳定性对 Cu_2O 形貌的影响

对快速加碱沉淀法与分步加碱沉淀法制得的前驱体进行了对比实验，考察上述两种加料方式所制前驱体的时间稳定性和热稳定性，同时考察前驱体稳定性对 Cu_2O 颗粒形貌的影响。

（1）按表 2-2 配制溶液，将上述两种加料方式制得的前驱体分别搅拌停留 15min 后在 50℃下还原，制得的 Cu_2O 颗粒的 SEM 图像如图 2-7 所示。

实验中，随着停留时间的延长，用快速加碱沉淀法制备的前驱体浆料中 $Cu(OH)_2$ 的脱水现象加重，颜色加深；而用分步加碱沉淀法制备的前驱体性状变化不大，表现出了更好的时间稳定性。由图 2-7 可见，同样是将前驱体停留 15min，用快速加碱沉淀法制得的 Cu_2O 颗粒表面粗糙，形貌接近于立方体；而由分步加碱沉淀法制得的 Cu_2O 颗粒仍为均匀的球形。

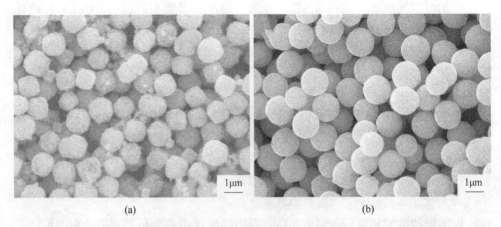

(a)　　　　　　　　　　　　　　　　(b)

图 2-7　不同加料方式制备的前驱体经停留 15min 后还原所得 Cu$_2$O 的 SEM 图像

(a) 快速加碱沉淀法；(b) 分步加碱沉淀法

（2）按表 2-2 配制溶液，将上述两种加料方式制得的前驱体分别升温至 70℃后还原，制得的 Cu$_2$O 颗粒的 SEM 图像如图 2-8 所示。

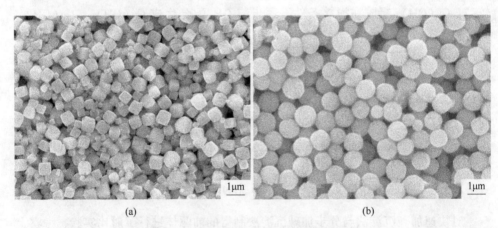

(a)　　　　　　　　　　　　　　　　(b)

图 2-8　不同加料方式制备的前驱体在 70℃下还原所得 Cu$_2$O 的 SEM 图像

(a) 快速加碱沉淀法；(b) 分步加碱沉淀法

实验中观察到，用快速加碱沉淀法制备的前驱体中的 Cu(OH)$_2$ 在升温时存在快速脱水现象，当温度升至 70℃后，前驱体颜色已经完全变黑；而用分步加碱沉淀法制备的前驱体在升温至 70℃后仅有轻微的脱水分解现象，体系颜色仍为蓝色，表现出了更好的热稳定性。由图 2-8 可见，用快速加碱沉淀法制备的前驱体在 70℃下还原制得的 Cu$_2$O 颗粒为立方形，粒径不均匀；而用分步加碱沉淀法制备的前驱体在 70℃下还原制得的 Cu$_2$O 仍为均匀球形的颗粒。

由上述实验可知，前驱体不稳定将会影响 Cu$_2$O 颗粒的形貌特征，Cu(OH)$_2$

脱水后，所制 Cu_2O 颗粒的形貌趋向于立方体。由于 $Cu(OH)_2$ 脱水后生成的是 CuO，因此采用 CuO 为单一前驱体制备 Cu_2O 颗粒，进一步考察前驱体性质的改变对 Cu_2O 颗粒的影响。

（3）按表 2-2 配制溶液，用快速加碱沉淀法制备出前驱体后，将其加热至 60℃以上陈化 4h，使 $Cu(OH)_2$ 脱水分解为 CuO，而后在 60℃下还原 1h，最终制得的 Cu_2O 颗粒的 SEM 图像如图 2-9 所示。

图 2-9 以 CuO 为前驱体制备的 Cu_2O 粉末的 SEM 图像

由图 2-9 可以看出，以 CuO 为前驱体制备的 Cu_2O 颗粒分散性良好，表面光滑，为立方体形貌，棱长为 1μm 左右，棱长分布较为均匀，大颗粒间只有少许很小的颗粒。该实验结果进一步说明，前驱体稳定性对 Cu_2O 颗粒形貌影响的实质是由于 $Cu(OH)_2$ 分解成了 CuO（具体影响机理将在第 3 章中详细讨论）；同时也说明，前驱体组分单一时制得的 Cu_2O 颗粒的粒径将趋向均匀。

综上所述，前驱体稳定性对 Cu_2O 颗粒形貌存在很大影响，制备的前驱体在 $Cu(OH)_2$ 脱水分解后混有大量 CuO，使得制得的 Cu_2O 颗粒的形貌趋向于立方体。因此，在用液固反应法制备球形 Cu_2O 颗粒时应避免 $Cu(OH)_2$ 前驱体的脱水分解。

2.3.4.2 前驱体稳定性对 Cu_2O 粒径的影响

在进行了前驱体稳定性对 Cu_2O 颗粒形貌影响考察的基础上，选用快速加碱沉淀法和分步加碱沉淀法分别进行了 3 次重复实验，考察了前驱体稳定性对 Cu_2O 颗粒粒径的影响。需要说明的是在以分步加碱沉淀法进行重复实验时，反应温度升高为 60℃。

以快速加碱沉淀法进行重复实验制得的 Cu_2O 颗粒的 SEM 图像与粒径分布如图 2-10 所示，平均粒径统计结果见表 2-4；以分步加碱沉淀法进行重复实验制得的 Cu_2O 颗粒的 SEM 图像与粒径分布如图 2-11 所示，平均粒径统计结果分别见表 2-5。

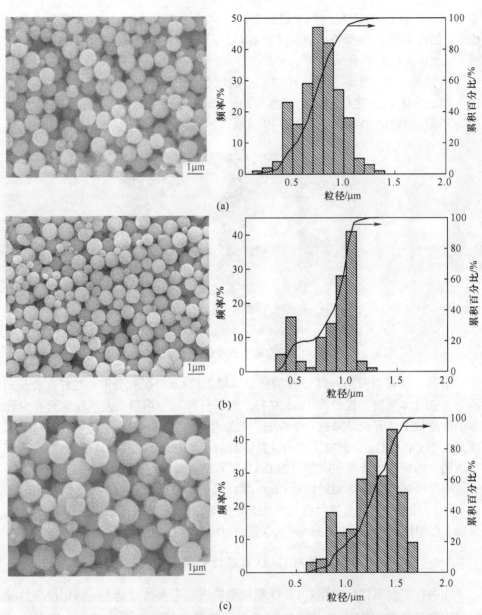

图 2-10 快速加碱沉淀法重复实验制得的 Cu$_2$O 颗粒的 SEM 图像以及粒径分布

表 2-4 快速加碱沉淀法重复实验制得的 Cu$_2$O 颗粒的平均粒径

实验批次	平均粒径/μm	标准偏差
1	0.85	0.231
2	0.75	0.211
3	1.35	0.230

由图 2-10 可以看出，快速加碱沉淀法的各次重复实验均制备出了分散性良好的球形 Cu_2O 颗粒，但是粒径分布较宽。由表 2-4 中的平均粒径统计结果可知，快速加碱沉淀法的各次重复实验所得 Cu_2O 颗粒的平均粒径差异较大，分别为 0.85μm、0.75μm 和 1.35μm；同时，平均粒径值的标准偏差较大，进一步说明了该法制备的 Cu_2O 颗粒粒径不均匀，粒径分布较宽。

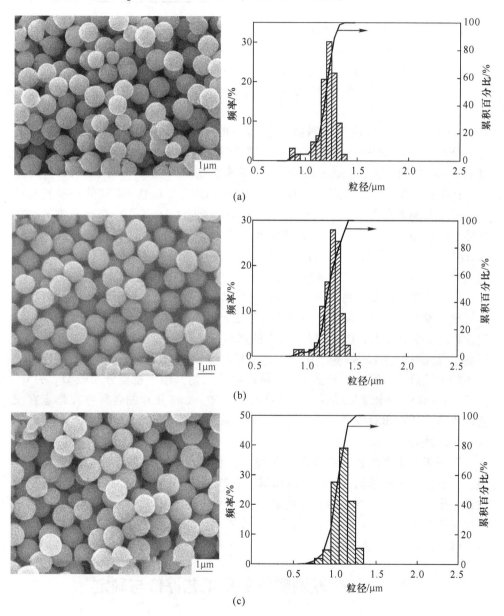

图 2-11　分步加碱沉淀法重复实验所得 Cu_2O 颗粒的 SEM 图像以及粒径分布

表 2-5 分步加碱沉淀法重复实验所得 Cu_2O 颗粒的平均粒径

实验批次	平均粒径/μm	标准偏差
1	1.25	0.093
2	1.29	0.094
3	1.32	0.061

由图 2-11 可以看出，分步加碱沉淀法的各次重复实验均制备出了分散性良好的球形 Cu_2O 颗粒，且粒径分布较窄。由表 2-5 中的平均粒径统计结果可知，分步加碱沉淀法各次重复实验所得的 Cu_2O 颗粒的平均粒径变化不大，均为 1.30μm 左右；并且粒径平均值的标准偏差很小，进一步说明了用该法制得的 Cu_2O 颗粒的粒径分布均匀。

上述实验中，以快速加碱沉淀法制备的 Cu_2O 颗粒的粒径分布较宽，粒径特征在各次实验中的重现性很差，这是由于 $Cu(OH)_2$ 前驱体稳定性差造成的。$Cu(OH)_2$ 分解生成 CuO 后，反应前驱物不再是单一的 $Cu(OH)_2$；并且 $Cu(OH)_2$ 脱水分解程度的差异将会造成 $Cu(OH)_2$、CuO、游离的 Cu^{2+} 及其他配离子在不同批次实验体系中所占的比重不同。此时，$Cu(Ⅱ)$ 存在形态的复杂性使成核过程变得复杂，导致晶核很难在同一时期生成，核龄的差异最终导致 Cu_2O 颗粒的粒径分布较宽；另外，$Cu(Ⅱ)$ 各存在形态在不同重复实验中的比重差异使得各批次反应的初始成核数量不同，导致 Cu_2O 颗粒粒径难以重复。

以分步加碱沉淀法制备的 $Cu(OH)_2$ 前驱体性状稳定，反应前基本没有脱水分解现象发生。此时，前驱体中铜源组分趋于单一，使得反应过程稳定同步；反应速率主要受控于 $Cu(OH)_2$ 释放 Cu^{2+} 的速率，反应速率较液相反应法明显降低；沉淀过程完全符合 Lamer 模型中颗粒的成核与生长模式，反应成核后，反应进入晶核的生长阶段，所以得到的 Cu_2O 颗粒粒径均匀，颗粒粒径分布较窄。另外，由于 $Cu(OH)_2$ 脱水现象减弱，不同批次实验中，$Cu(Ⅱ)$ 的各种存在形态在前驱体中所占比重相对稳定，各次反应的初始成核数量接近，所以最终产品的粒径特征重现性好。

对于工业生产而言，各批次产品在形貌粒径等规格参数上不应出现较大偏差。通过实验研究得出，采用分步加碱沉淀法制备 Cu_2O 颗粒时，产物不仅在分散性、形貌以及粒径均匀性上能满足工艺要求，而且该方法的工艺重现性良好，适用于工业化生产。因此，在后续研究过程中将以该方法为基础工艺进行制备 Cu_2O 颗粒的形貌粒径控制研究。

2.4 氧化亚铜颗粒制备工艺评价与确定

综上，本章通过实验初步考察并确定了制备 Cu_2O 颗粒的工艺路线：

（1）通过液相反应法制备的 Cu_2O 粒子团聚严重，分散性不理想；通过液固反应法制备的 Cu_2O 粒子分散性良好。

（2）采用液固反应法制备 Cu_2O 粉末时，若 $Cu(OH)_2$ 前驱体不稳定，会使产物粒径分布变宽，而且粒径特征难以重复，并且前驱体脱水分解生成 CuO 后，会导致 Cu_2O 颗粒的形貌趋向于立方形。

（3）不同加料方式制备的 $Cu(II)$ 固态前驱体性状不同；采用分步加碱沉淀法制备的 $Cu(OH)_2$ 前驱体的性状相对稳定，制得的 Cu_2O 颗粒分散性良好、球形度高、粒径均匀，而且有很好的工艺重现性，适用于工业化生产；可以以该方法为基础工艺进行 Cu_2O 颗粒的形貌粒径控制研究。

3 氧化亚铜颗粒的形貌与粒径控制研究

3.1 引　言

目前有很多制备方法可以制得不同形貌与粒径的 Cu_2O 粉末颗粒，但是大多数方法是利用一些复杂特殊工艺或者是利用添加剂来控制颗粒的形貌与粒径，并且没有完全实现对 Cu_2O 粒子的形貌与粒度的控制。在第 2 章中确定了采用分步加碱沉淀法制备 Cu_2O 颗粒，由于 $Cu(OH)_2$ 前驱体稳定性较好，因此产物具有良好的分散性、球形度以及粒径均匀性，而且该方法的工艺重现性良好，适用于工业化生产。但是在液相法制备粉末颗粒时，反应温度、pH 值以及反应物浓度等条件会对产物形貌粒径产生重要影响。因此本章以分步加碱沉淀法作为基础工艺考察上述影响因素对 Cu_2O 颗粒形貌粒径的影响，分析温度、反应物浓度等因素对 Cu_2O 晶体生长模式的影响，并根据晶体的生长理论讨论 Cu_2O 形貌粒径的控制机理，为实际生产过程中对 Cu_2O 颗粒形貌粒径进行有效控制提供实验基础和理论指导。

3.2　工艺研究

本章主要考察反应温度、pH 值、反应物浓度等因素对 Cu_2O 形貌粒径的影响。

3.2.1　试剂与仪器

本章制备 Cu_2O 粉末所用的试剂与仪器与第 2 章相同，见表 2-1。在观察 Cu_2O 颗粒晶型时所用的设备为美国 FEI 公司制造的 Tecnai G^2 20 ST 型透射电子显微镜。

3.2.2　研究内容与步骤

采用分步加碱沉淀法制备 Cu_2O 粉末。制备过程如下：首先配制一定浓度的 $CuSO_4$ 溶液、NaOH 溶液以及葡萄糖溶液各 200mL 待用；将 $CuSO_4$ 溶液加入反应器，在室温下每隔 10min 加入 20mL 的 NaOH 溶液制备 $Cu(OH)_2$ 前驱体；待

NaOH 溶液加完后，将前驱体浆料升温至实验设定的温度；然后将预先加热至相同温度的葡萄糖溶液加入反应器与前驱体混合，恒温反应1h，制得 Cu_2O 浆料；所得 Cu_2O 浆料经离心分离（3000r/min）后，用纯水洗涤5次，无水乙醇洗涤2次，最后65℃下鼓风干燥24h。$Cu(OH)_2$ 浆料和 Cu_2O 浆料制备过程均在搅拌条件下进行，搅拌速率均为500r/min。不同系列实验中的溶液浓度与反应温度将在实验结果中列出。

3.2.3 产物的表征

3.2.3.1 形貌、粒度与物相分析

形貌、粒度与物相分析方法参见第2章。采用美国 FEI 公司 Tecnai G^2 20 ST 型透射电子显微镜（TEM）对 Cu_2O 颗粒进行晶型观察（点分辨率0.24nm，晶格分辨率0.14nm）。

3.2.3.2 热分析

采用 SDT Q600 型热分析仪（美国 TA 公司）对 Cu_2O 粉末进行热重分析（条件：Ar 气氛，气体流速100mL/min，升温速度3℃/min，温度范围30~450℃）。

3.2.3.3 氧化亚铜颗粒密度的计算

假设反应后所有 $Cu(II)$ 都被还原为 Cu_2O，并将所得 Cu_2O 颗粒都视为均匀的正球形，则反应结束后体系内最终颗粒总个数 n 及颗粒密度 n_+^∞ 可由式（3-1）与式（3-2）表示：

$$n = \frac{6m}{\rho \pi d^3} \tag{3-1}$$

$$n_+^\infty = \frac{n}{V} = \frac{6m}{V\rho \pi d^3} \tag{3-2}$$

式中　n——Cu_2O 的最终颗粒总数；

n_+^∞——Cu_2O 的最终颗粒密度，m^{-3}；

m——Cu_2O 颗粒的总质量，g，可通过 $CuSO_4$ 投加总量进行估算（按照反应产率为100%）；

ρ——Cu_2O 颗粒的密度，为 $6g/cm^3$；

d——产物的平均粒径，cm；

V——反应体系总体积，m^3，分析时忽略由于沉淀的生成造成的体积变化，本研究中 V 为 $600mL(6\times10^{-4}m^3)$。

3.3 技术效果

3.3.1 反应温度的影响

在葡萄糖溶液浓度与 $CuSO_4$ 溶液浓度均为 1.00mol/L、NaOH 溶液的浓度为 3.125mol/L 的条件下，考察了反应温度对 Cu_2O 形貌粒径的影响。所考察的反应温度分别为 40℃、50℃、60℃ 和 70℃。不同反应温度下制备的 Cu_2O 粉末的 SEM 图像如图 3-1 所示，所得球形颗粒的粒径分布如图 3-2 所示。

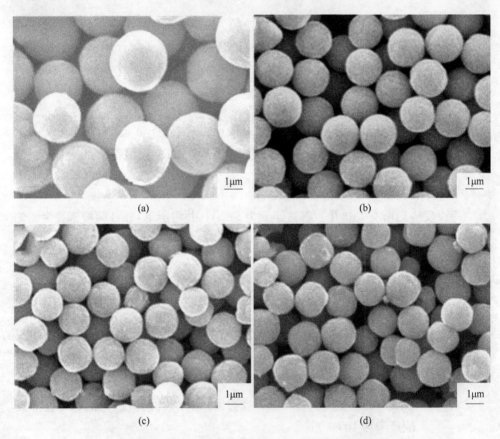

图 3-1　不同反应温度下制备的 Cu_2O 粉末的 SEM 图像

(a) 40℃；(b) 50℃；(c) 60℃；(d) 70℃

从图 3-1 中可以看出，在不同反应温度时都制得了表面光滑、分散性好、形貌为球形的 Cu_2O 颗粒。当温度在 40~60℃ 之间时，制得的 Cu_2O 颗粒为正球形；当温度为 70℃ 时，产物 Cu_2O 颗粒为类球形，变得略为不规则。所得产物 Cu_2O

颗粒的形貌没有随反应温度变化而发生太大变化，说明在实验温度变化范围内，温度的改变不会对 Cu_2O 颗粒的形貌造成明显影响。

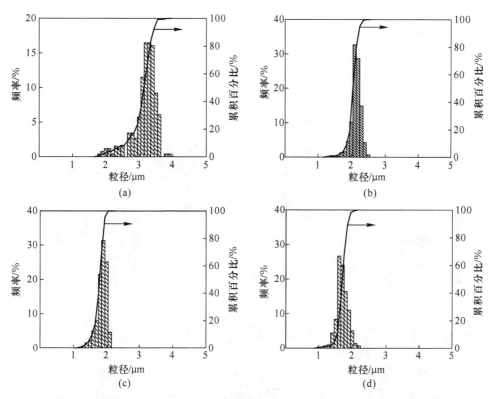

图 3-2　不同反应温度时制备的球形 Cu_2O 颗粒的粒径分布图
(a) 40℃；(b) 50℃；(c) 60℃；(d) 70℃

不同反应温度下制备的球形 Cu_2O 颗粒的平均粒径见表 3-1。结合粒径分布图（图 3-2）和平均粒径的标准偏差可以看出，在不同反应温度下制得的 Cu_2O 颗粒的粒径都非常均匀。由平均粒径统计结果可以看出，反应温度的改变对粒径的影响呈现出了明显的规律性，随着反应温度的升高，Cu_2O 颗粒的粒径逐渐减小，体系中 Cu_2O 颗粒的最终颗粒密度 n_+^∞ 与颗粒数目 n 明显增大。

表 3-1　不同反应温度时制备的球形 Cu_2O 颗粒的平均粒径

温度/℃	平均粒径/μm	标准偏差	最终颗粒数	最终颗粒密度/m⁻³
40	3.11	0.358	1.51×10^{11}	2.52×10^{14}
50	2.08	0.149	5.06×10^{11}	8.43×10^{14}
60	1.80	0.150	7.43×10^{11}	1.23×10^{15}
70	1.74	0.144	8.64×10^{11}	1.44×10^{15}

3.3.2 葡萄糖浓度的影响

在反应温度为 50℃、NaOH 溶液的浓度为 2.50mol/L、CuSO$_4$ 溶液的浓度为 1.0mol/L 的条件下，考察了葡萄糖投加浓度对 Cu$_2$O 形貌粒径的影响。所考察的葡萄糖溶液投加浓度分别为 0.40mol/L、0.50mol/L、0.625mol/L、0.75mol/L、1.00mol/L、1.25mol/L、1.50mol/L 以及 2.00mol/L。不同葡萄糖投加浓度时制备的 Cu$_2$O 粉末的 SEM 图像如图 3-3 所示。

图3-3 不同葡萄糖投加浓度时制备的 Cu_2O 粉末的 SEM 图像

葡萄糖浓度（mol/L）：（a）0.40；（b）0.50；（c）0.625；（d）0.75；
（e）1.00；（f）1.25；（g）1.50；（h）2.00

从图3-3可以看出，在实验条件下，不同葡萄糖投加浓度时都制备得到了表面光滑、分散性好的 Cu_2O 颗粒。当葡萄糖投加浓度为 0.40mol/L 和 0.50mol/L（根据式（2-1）可知，浓度为 0.50mol/L 时，葡萄糖正好足量）时，Cu_2O 颗粒的形貌为八面体；当葡萄糖投加浓度为 0.625mol/L 和 0.75mol/L 时，Cu_2O 颗粒的形貌为接近八面体的类球形；当葡萄糖投加浓度高于 1.00mol/L 时，不同葡萄糖投加浓度的实验均获得了外貌为正球形的 Cu_2O 颗粒。上述结果说明在实验的投加浓度变化范围内，葡萄糖浓度对 Cu_2O 颗粒的形貌存在较大影响：随着葡萄糖投加浓度的减小，Cu_2O 颗粒的形貌由球形经类球形过渡，最终转变为八面体。

在粒径考察时只考虑球形颗粒，所得球形颗粒的粒径分布如图3-4所示，平均粒径见表3-2。结合粒径分布图和平均粒径的标准偏差可以看出，在葡萄糖投加浓度大于 1.00mol/L 时制备的 Cu_2O 球形颗粒的粒径非常均匀。由平均粒径统计结果可以看出，随着葡萄糖投加浓度的升高，Cu_2O 的粒径减小，体系中 Cu_2O 的最终颗粒密度 n_+^∞ 与颗粒数目 n 增大：葡萄糖投加浓度为 1.00mol/L 时，所得 Cu_2O 颗粒的粒径为 1.61μm；在葡萄糖投加浓度为 2.00mol/L 时，产物粒径下降至 0.67μm。另外，从图3-3也可以直观地看出，葡萄糖投加浓度为 0.625mol/L 和 0.75mol/L 时，Cu_2O 颗粒虽然为类球形，但其粒径变化也符合球形 Cu_2O 颗粒的粒径变化规律。由粒径统计结果还可以看出，葡萄糖投加浓度为 1.50mol/L 与 2.00mol/L 时，Cu_2O 颗粒粒径分别为 0.73μm 与 0.67μm。该结果表明，当葡萄糖投加浓度增加到一定程度后，其浓度变化对 Cu_2O 颗粒粒径的影响力下降，不宜通过极度加大葡萄糖浓度的方式来降低 Cu_2O 颗粒的粒度。

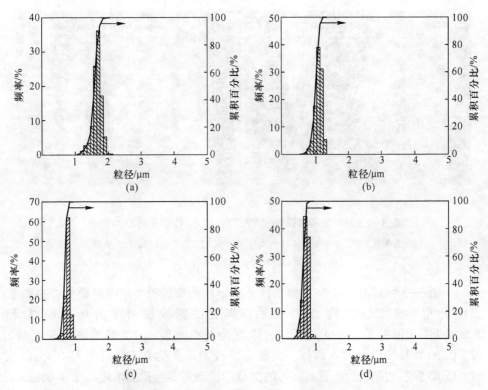

图 3-4　不同葡萄糖投加浓度时制备的球形 Cu_2O 颗粒的粒径分布图

（a）1.00mol/L；（b）1.25mol/L；（c）1.50mol/L；（d）2.00mol/L

表 3-2　不同葡萄糖投加浓度时制备的球形 Cu_2O 颗粒的平均粒径

浓度/mol·L^{-1}	平均粒径/μm	标准偏差	最终颗粒数	最终颗粒密度/m^{-3}
1.00	1.61	0.134	$1.09×10^{12}$	$1.82×10^{15}$
1.25	1.06	0.093	$3.82×10^{12}$	$6.37×10^{15}$
1.50	0.73	0.084	$9.24×10^{12}$	$1.54×10^{16}$
2.00	0.67	0.067	$1.51×10^{13}$	$2.52×10^{16}$

3.3.3　氢氧化钠浓度的影响

在葡萄糖溶液浓度与 $CuSO_4$ 溶液浓度均为 1.0mol/L、反应温度为 50℃ 的条件下，考察了 NaOH 投加浓度对 Cu_2O 粉末的形貌粒径的影响。实验考察的 NaOH 溶液的投加浓度分别为 1.25mol/L、2.50mol/L、3.125mol/L、3.75mol/L、5.00mol/L 和 6.25mol/L。不同 NaOH 溶液投加浓度时制备的 Cu_2O 粉末的 SEM 图像如图 3-5 所示。所得球形颗粒的粒径分布如图 3-6 所示，球形颗粒的平均粒径见表 3-3。

图 3-5　不同 NaOH 投加浓度时制备的 Cu_2O 粉末的 SEM 图像

（a）1.25mol/L；（b）2.50mol/L；（c）3.125mol/L；（d）3.75mol/L；（e）5.00mol/L；（f）6.25mol/L

　　根据反应式（2-1）可知，NaOH 溶液投加浓度为 2.5mol/L 时正好足量。从图 3-5 可以看出，当 NaOH 溶液投加浓度为 1.25mol/L 时，由于此时 NaOH 用量不足，还原反应的驱动力不足，反应 1h 后体系内只生成了极少量 Cu_2O 颗粒。在

NaOH 足量后，实验在不同 NaOH 投加浓度时都制备得到了表面光滑、分散性良好的 Cu_2O 颗粒，并且随着 NaOH 溶液投加浓度的增加，Cu_2O 颗粒的形貌发生了明显变化。当 NaOH 溶液的投加浓度为 2.50mol/L、3.125mol/L 以及 3.75mol/L 时，实验制得的 Cu_2O 颗粒的形貌为球形。此后，随着 NaOH 溶液投加浓度的增大，实验制得的 Cu_2O 颗粒的形貌由球形向八面体转变：当 NaOH 溶液的投加浓度为 5.00mol/l 时，所得 Cu_2O 颗粒的形貌为接近八面体的类球形；当 NaOH 溶液投加浓度为 6.25mol/L 时，所得 Cu_2O 颗粒主要为八面体形貌，个别颗粒显示出了其他不规则形貌。

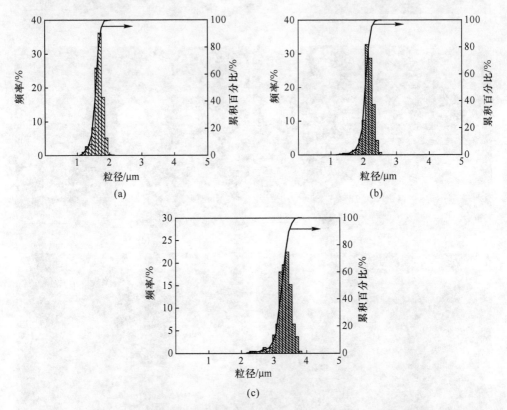

图 3-6 不同 NaOH 投加浓度时制备的球形 Cu_2O 颗粒的粒径分布图

(a) 2.50mol/L；(b) 3.125mol/L；(c) 3.75mol/L

表 3-3 不同 NaOH 投加浓度时制备的球形 Cu_2O 颗粒的平均粒径

浓度/mol·L⁻¹	平均粒径/μm	标准偏差	最终颗粒数	最终颗粒密度/m⁻³
2.50	1.61	0.134	1.09×10^{12}	1.82×10^{15}
3.125	2.08	0.149	5.06×10^{11}	8.43×10^{14}
3.75	3.27	0.208	1.30×10^{11}	2.17×10^{14}

结合粒径分布图（见图3-6）和平均粒径的标准偏差（见表3-3）可以看出，在 NaOH 溶液投加浓度为 2.50mol/L、3.125mol/L 以及 3.75mol/L 时制备得到的 Cu_2O 球形颗粒的粒径分布都比较窄，粒径非常均匀。由平均粒径统计结果可以看出，随着 NaOH 溶液投加浓度的升高，产物 Cu_2O 的粒径逐渐增大，体系中 Cu_2O 颗粒的最终颗粒密度 n_+^∞ 与颗粒数目 n 减小；NaOH 溶液投加浓度为 2.50mol/L 时，所得 Cu_2O 颗粒的粒径为 1.61μm；在 NaOH 溶液投加浓度为 3.75mol/L 时，Cu_2O 颗粒的粒径增大至 3.27μm。另外，从图3-6可以直观地看出，NaOH 溶液投加浓度为 5.00mol/L 和 6.25mol/L 时，Cu_2O 颗粒虽然不为正球形，但是粒径明显大于上述球形 Cu_2O 颗粒。由粒径统计结果还可以看出，Cu_2O 颗粒粒径的变化量对 NaOH 溶液浓度的变化量相当敏感，说明调节 NaOH 溶液投加浓度是调节 Cu_2O 颗粒粒径的有效方法。

由于反应过程中 Cu^{2+} 的参与路径为 $Cu^{2+} \rightarrow Cu(OH)_2 \rightarrow Cu^{2+} \rightarrow Cu^+ \rightarrow Cu_2O$，因此在一定 $CuSO_4$ 投加浓度时考察 NaOH 投加浓度对 Cu_2O 形貌粒径的影响与在一定 NaOH 投加浓度下考察 $CuSO_4$ 投加浓度的影响在本质上类似，都是考察反应初始 pH 值对 Cu_2O 形貌粒径的影响。因此，不再对 $CuSO_4$ 溶液投加浓度的影响进行考察。可以预见的是，初始反应 pH 值相同时，随着 $CuSO_4$ 溶液投加浓度的降低，Cu_2O 颗粒的粒径将会大幅减小，体系的生产效率也会降低。研究中，$CuSO_4$ 溶液的投加浓度均为 1.0mol/L（常温下饱和浓度约为 1.3mol/L），生产效率极高，适于工业化生产。

3.3.4 物相分析与热分析

选取立方体、八面体以及球形等 3 种不同形貌的 Cu_2O 颗粒进行了物相分析。其中，立方体形貌的 Cu_2O 颗粒为第 2 章实验中以 CuO 为前驱体制备出的 Cu_2O；八面体的 Cu_2O 颗粒为葡萄糖溶液浓度与 $CuSO_4$ 溶液浓度均为 1.0mol/L，NaOH 溶液浓度为 6.25mol/L 时制备的 Cu_2O 颗粒；球形 Cu_2O 颗粒为葡萄糖溶液浓度与 $CuSO_4$ 溶液浓度均为 1.0mol/L，NaOH 溶液投加浓度为 2.50mol/L 时制备的 Cu_2O 颗粒。另外，选取平均粒径为 1.06μm 的球形 Cu_2O 颗粒进行了热重分析。

不同形貌 Cu_2O 颗粒的 XRD 分析结果如图3-7所示。由图3-7可以看出，不同形貌 Cu_2O 颗粒均为纯相，未出现 CuO 以及金属 Cu 等杂相的衍射峰。图中不同形貌的 Cu_2O 颗粒的衍射峰强度没有较大区别；虽然显露晶面不同，但是在不同形貌 Cu_2O 颗粒的 XRD 分析结果中，主晶面（<110><111><200>）的衍射强度之比也变化不大。制备的 Cu_2O 颗粒的形貌与其 XRD 衍射图谱无明显关联。

图3-8所示为制备的不同晶型的 Cu_2O 颗粒的透射电镜（TEM）图像以及选区电子衍射花样（SAED）图像。图3-8(a)为立方体形貌的 Cu_2O 颗粒的 TEM

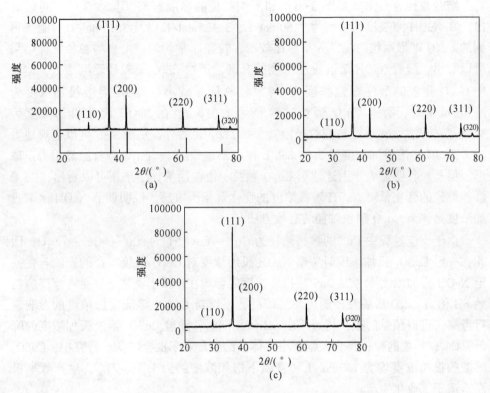

图 3-7　不同形貌的 Cu₂O 粉末的 XRD 图谱

（a）立方形；（b）八面体；（c）球形

（a）

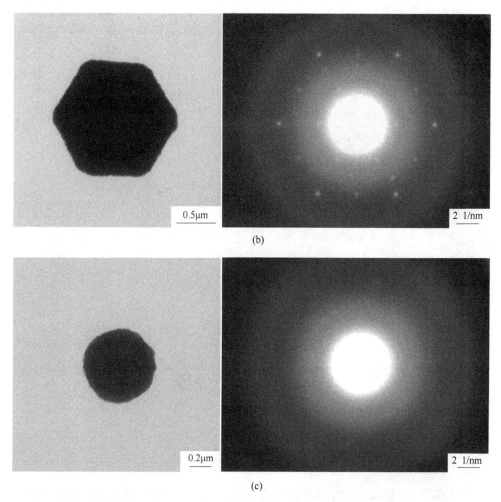

图 3-8　不同形貌的 Cu_2O 粉末的 TEM 以及 SAED 照片

（a）立方形；（b）八面体形；（c）球形

图像，可以进一步确认 Cu_2O 颗粒的形貌为立方体，TEM 分析结果与 SEM 分析结果相符；由其电子衍射花样（SAED）图像可以看出，图中的衍射矩阵可以指标化为体心立方结构的 Cu_2O 晶体的<100>晶面，表明实验制备的立方形 Cu_2O 颗粒为单晶。图 3-8(b) 为八面体形貌的 Cu_2O 颗粒的 TEM 图像，TEM 分析结果同样证明了 Cu_2O 颗粒为八面体形貌；由电子衍射花样（SAED）图像可以看出，图中的衍射矩阵可以指标化为 Cu_2O 晶体的<111>晶面，颗粒同样为单晶。图 3-8(c) 为球形 Cu_2O 颗粒的 TEM 图像，TEM 分析结果与 SEM 分析结果相符，Cu_2O 颗粒为球形；由电子衍射花样（SAED）图像可以看出，图中的衍射亮斑为环状，表明 Cu_2O 晶粒为多晶。

图 3-9 所示为 Cu_2O 粉末的 DSC-TGA 曲线。由图 3-9 可以看出，在测试过程中，Cu_2O 粉末共产生了 6.5% 左右的失重。Cu_2O 失重起始于 100℃ 左右，在温度为 165℃ 左右时大量吸热后失重加速，在测试温度达到 300℃ 后失重曲线趋缓。造成上述失重的主要是由于在 Cu_2O 粉末干燥过程未完全挥发的 H_2O、酒精再次受热挥发，以及 Cu_2O 粉末中一些未洗涤干净的葡萄糖受热分解所致。

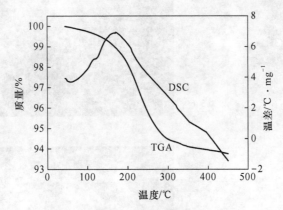

图 3-9　Cu_2O 粉末的 DSC-TGA 曲线

3.4　控制过程分析

3.4.1　氧化亚铜的形貌控制

3.4.1.1　Cu_2O 形貌控制的基础理论

晶核的生长模式决定了晶粒的最终形貌。因此，控制晶体形貌的实质工作是控制晶体的生长过程，研究 Cu_2O 晶体形貌的控制机制，也就是研究 Cu_2O 晶体的生长机理。由实验结果可知，本研究制备的 3 种不同形貌 Cu_2O 颗粒中，球形颗粒为多晶，立方体和八面体形貌的颗粒为单晶。多晶和单晶的形成可用两种不同的生长机理来解释。Lamer 等人[183]提出的扩散机制解释了单分散的单晶的形成，而多晶的形成则可用聚集机制[184,185]来解释。由于生长模式是由体系中溶质的过饱和度以及体系的理化性质决定的，因此上述两种生长机制在不同实验条件时的作用强度不尽相同，而这两种生长机制的竞争影响了 Cu_2O 颗粒的最终形貌。

　A　聚集机制

在液相法制粉过程中，如果晶核的形成是在极高的饱和度下完成的，那么成核将是一个极为快速的过程，并且晶核的分子级生长基本被抑制。反应生成的单体核、分子簇和初级粒子等生长基元在布朗运动和流体剪切运动作用下发生碰撞聚集，使聚集成为主要的生长模式，并形成多晶颗粒。为了降低表面能，达到平衡状态，该生长模式"短程无序，长程有序"，晶粒最终长大为球形[116]。

B 扩散机制

Cu_2O 的晶体结构属于简单立方晶系（见图 3-10），在晶体的单位晶胞中，O^{2-} 位于晶胞的顶角和中心，Cu^+ 则位于 4 个相互错开的 1/8 晶胞立方体的中心。

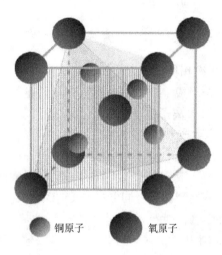

铜原子 ● 氧原子

图 3-10 氧化亚铜的晶体结构

在较低过饱和度下制备晶粒时，晶核的长大主要受到溶质扩散动力学控制和界面生长动力学控制，扩散机制为晶核的主要生长模式。晶核的单纯扩散生长往往形成单晶。根据热力学理论，单晶的形状由各晶面的生长速率决定，生长速率较小的晶面最终形成裸露面，生长速率较大的晶面会在晶体生长中消失。图 3-11 所示为立方晶系晶体在生长后几种基本形貌和对应的晶面[112]。由图 3-11 可

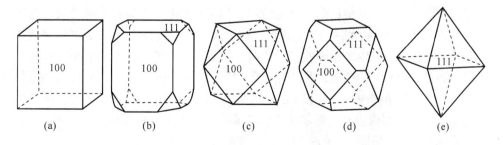

图 3-11 立方晶系晶体的晶体形状和其对应的 R 值[112]

(a) $R=0.58$；(b) $R=0.7$；(c) $R=0.87$；(d) $R=1.0$；(e) $R=1.73$

知，立方晶系的单晶外貌是由<100>和<111>晶面的法向生长速度不同造成的：当晶体的<111>面的生长速度相对较大时，晶体的<100>晶面将成为最终裸露面，晶体外貌趋向于立方形；反之，晶体趋向于八面体。当<111>面生长速度接近于<100>面时，晶体外貌趋向于削角多面体。设<100>和<111>生长速率的比值为R，R值不同时，晶体的外貌将发生变化：晶体形貌为立方体时，R值是 0.58；晶体形貌为八面体时，R值是 1.73；晶体形貌为削角多面体时，R值介于 0.58与 1.73 之间。总之，随着<100>面生长速率增大，R值增大，晶体形貌会由立方体经由削角多面体逐渐转变为八面体。

3.4.1.2 Cu_2O 颗粒形貌的影响因素分析

制备 Cu_2O 颗粒是在液相环境中进行的，其过程是：

（1）Cu^{2+} 与 OH^- 混合形成稳定的 $Cu(\text{II})$ 固相前驱体；

（2）溶液中游离的 Cu^{2+} 离子被还原成 Cu^+ 离子；

（3）Cu^+ 与 OH^- 作用生成 Cu_2O 晶核；

（4）Cu_2O 晶核逐步长大。

通过对前驱体性状、溶液 pH 值和反应物浓度等因素的改变对 Cu_2O 晶核的生长机制产生了影响，从而制备了不同形貌的 Cu_2O 颗粒。

A $Cu(\text{II})$ 固相前驱体对生长机制的影响

以 CuO 为前驱体时制得了立方形的 Cu_2O 单晶颗粒，而以 $Cu(OH)_2$ 为前驱体时可制得球形的 Cu_2O 多晶颗粒。此时，生长机制的竞争主要受到生长过程 Cu^+ 中的过饱和度以及前驱体性状的影响。

分别以 CuO 和 $Cu(OH)_2$ 为前驱体时，Cu_2O 的生成过程存在两种不同途径：

（1）$CuO \rightarrow Cu^{2+} \rightarrow Cu^+ \rightarrow Cu_2O$；

（2）$Cu(OH)_2 \rightarrow Cu^{2+} \rightarrow Cu^+ \rightarrow Cu_2O$。

在上述两个过程中，体系中 Cu^+ 的生成速率主要受到前驱体释放 Cu^{2+} 的速率控制。由于 $Cu(OH)_2$ 的溶度积（$K_{sp} = 2.2 \times 10^{-20}$）大于 CuO 的溶度积（$K_{sp} = 3.16 \times 10^{-21}$）[186]，在其他反应条件接近时，以 $Cu(OH)_2$ 为前驱体时的反应速率将大于以 CuO 为前驱体时的反应速率。以 CuO 为还原前驱体时，Cu^{2+} 的释放速度较慢，导致 Cu^+ 的生成速率较慢，此时，体系中 Cu^+ 的过饱和度较小，在成核后只能满足 Cu_2O 晶核的分子级扩散生长，所以形成单晶；以 $Cu(OH)_2$ 为前驱体时，Cu^{2+} 的释放速度较快，使得 Cu^+ 的生成速率很快，此时，体系中 Cu^+ 的过饱和度很大，短时间内会有大量单体核、二维核、分子簇等初级粒子的形成，聚集生长将成为 Cu_2O 晶核生长的主导模式，并形成球形多晶。

另外，$Cu(\text{II})$ 固相前驱体的性状也对 Cu_2O 晶核生长机制的竞争产生一定影响。实验制备的不同前驱体的形貌如图 3-12 所示。

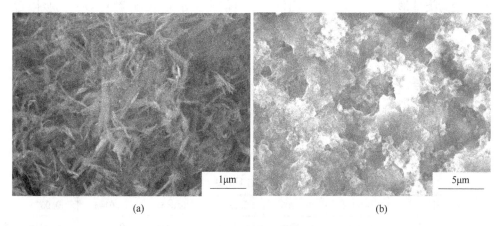

图 3-12 实验制备的不同前驱体的形貌

(a) CuO; (b) Cu(OH)$_2$

从图 3-12 中可看出，CuO 呈絮状而 Cu(OH)$_2$ 呈胶状。前驱体的性状影响了生长基元在体系中的扩散性能，从而影响了 Cu$_2$O 晶核的生长机制。以 Cu(OH)$_2$ 为前驱体时，体系非常黏稠，物质扩散阻力很大，还原 Cu(OH)$_2$ 生成的 Cu(Ⅰ) 主要通过聚集的方式形成 Cu$_2$O 粒子，最后形成的是球形粒子；以 CuO 为还原前驱体时，溶液黏度大幅降低，生长基元的扩散作用增强，Cu$_2$O 晶核最终以扩散生长的方式形成立方体颗粒。

B 葡萄糖浓度对生长机制的影响

Cu$_2$O 颗粒的形貌随着葡萄糖投加浓度的升高由八面体经类球形过渡，最终转变成球形。首先，随着葡萄糖投加浓度的升高，Cu^{2+} 的还原速率加快，体系中 Cu$^+$ 的过饱和度升高，使晶核的聚集生长在与扩散生长的竞争中逐渐成为主导生长模式，所以制得的 Cu$_2$O 晶粒逐步转变为球形多晶；另外，随着葡萄糖浓度的升高，体系的黏度增大，使 Cu$^+$ 或生长基元的扩散作用减弱，晶核的生长模式由扩散生长向聚集生长转变，所以 Cu$_2$O 晶粒由八面体单晶向球形多晶转变。实验中，当葡萄糖投加浓度为 0.40mol/L 和 0.50mol/L 时，Cu$^+$ 的过饱和度较低且扩散作用较强，Cu$_2$O 晶核以扩散生长的模式形成八面体单晶；当葡萄糖投加浓度大于 1.00mol/L 后，Cu$^+$ 的过饱和度升高且扩散作用减弱，Cu$_2$O 晶核以聚集长大的模式形成球形多晶；在葡萄糖的投加浓度介于 0.50mol/L 与 1.00mol/L 之间时，两种生长机制的共同作用使 Cu$_2$O 晶核生长为类球形颗粒。

C pH 值对生长机制的影响

NaOH 溶液投加浓度对 Cu$_2$O 颗粒形貌的影响实质上是反应 pH 值对 Cu$_2$O 颗粒形貌的影响。随着 NaOH 溶液投加浓度的增加，实验制得的 Cu$_2$O 颗粒形貌由球形变为类球形，最终转变为八面体，这可能是由于 Cu_2O 颗粒对 OH^- 的吸附造成的。

通过实验对不同 pH 值下 OH^- 在 Cu_2O 颗粒表面的吸附量做了初步测定：首先，将 4g Cu_2O 颗粒分别置于 200mL 配制成不同浓度的 NaOH 溶液中；而后将混合后形成的悬浊液超声振荡 30min 进行吸附；最后用孔径为 0.45μm 的醋酸纤维膜将 Cu_2O 颗粒滤除，采用酸碱滴定法测定滤除 Cu_2O 颗粒后的 NaOH 溶液的浓度。忽略实验过程的体积变化，根据吸附前后 NaOH 溶液的浓度差计算 Cu_2O 颗粒表面吸附的 OH^- 的物质的量，列于表 3-4。

表 3-4 不同 NaOH 溶液中 Cu_2O 对 OH^- 的吸附性能

$c_{OH^-}/\text{mol} \cdot L^{-1}$	0.9928	0.4909	0.0891	0.0451	0.0143	0.0026
$c_{OH^-}^*/\text{mol} \cdot L^{-1}$	0.9614	0.4736	0.0842	0.0435	0.0139	0.0023
吸附量/mmol · g^{-1}	1.570	0.865	0.245	0.080	0.020	0.015

注：c_{OH^-} 为 NaOH 溶液的初始浓度；$c_{OH^-}^*$ 为吸附实验后的 NaOH 溶液的浓度。

由表 3-4 可知，Cu_2O 颗粒对 OH^- 有很强的吸附能力，在碱性条件下，Cu_2O 颗粒表面会吸附大量的 OH^-；并且随着体系中 OH^- 的浓度的增大，吸附能力增强。

图 3-13 所示为不同 NaOH 投加浓度时反应体系 pH 值随时间的变化。

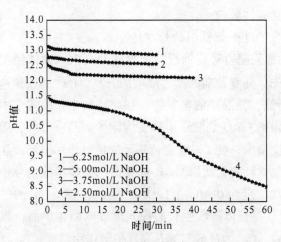

图 3-13 不同 NaOH 投加浓度时反应过程中 pH 值的变化

从图 3-13 可以看出，当 NaOH 溶液投加浓度为 2.50mol/L 时，反应初始 pH 值为 11.46，反应结束时体系 pH 值为 8.5 左右；当 NaOH 溶液投加浓度为 3.75mol/L 时，反应初始 pH 值为 12.6，随着反应的进行，体系 pH 值平衡在 12.25 左右；当 NaOH 溶液投加浓度为 5.00mol/L 以及 6.25mol/L 时，体系的 pH

值在反应中一直维持在 12.5 以上。

由此可知，当 NaOH 溶液投加浓度为 5.00mol/L 以及 6.25mol/L 时，反应时体系的 pH 值很高，Cu_2O 颗粒表面吸附了大量的 OH^-。大量同号电荷的吸附使得体系中 Cu_2O 的初级粒子间存在较强的斥力，从而抑制了聚集生长，使扩散生长成为主导生长模式，最终生成八面体单晶。随着 NaOH 溶液投加浓度的下降，反应体系的 pH 值降低，Cu_2O 表面吸附的 OH^- 减少，使初级粒子间的斥力相对减弱，聚集成为 Cu_2O 生长的主导模式，最终形成了球形的 Cu_2O 多晶颗粒。

D 扩散生长时晶面生长取向的选择

以上初步分析了反应条件对聚集生长与扩散生长之间的竞争的影响。实验中，聚集生长得到的球形颗粒没有明显的显露面；扩散生长得到了八面体和立方形的单晶。上述两种不同形貌单晶的形成，说明在生长条件不同时，Cu_2O 晶核的<111>晶面和<100>晶面的生长速率比也发生了变化。

Cui Zuolin 等人[101] 在还原 $CuCl_2$ 制得八面体 Cu_2O 单晶后认为，碱性条件下 OH^- 会有选择性地吸附于 Cu_2O 晶体的<111>晶面，会抑制<111>晶面的生长，降低其生长速率，使其成为最终裸露面，从而使 Cu_2O 晶核生长为八面体。在本实验中，当葡萄糖溶液的投加浓度小于 0.50mol/L 或者 NaOH 溶液的投加浓度大于 5.00mol/L 时，Cu_2O 颗粒的形貌为八面体。该结果和 Cui Zuolin 的观点相吻合：当葡萄糖溶液的投加浓度较小时，OH^- 的消耗速率较慢，大量未反应的 OH^- 将有选择性地吸附于 Cu_2O 晶体的<111>晶面并抑制其生长，促使扩散生长以<100>晶面生长为主，Cu_2O 晶核生长为八面体；而 NaOH 溶液的投加浓度过高时，体系内大量存在的 OH^- 离子也会有选择性地吸附于 Cu_2O 晶体的<111>晶面，使得晶核最终生长为八面体的 Cu_2O 颗粒。

由于本部分的主要研究目的是制备形貌粒径可控的球形 Cu_2O 颗粒，在对同一影响因素进行考察时，Cu_2O 颗粒的形貌变化主要介于球形多晶和单一多面体形貌的单晶之间，因此，在此仅探讨了影响因素对聚集生长和扩散生长之间的竞争的影响，以便控制 Cu_2O 球形多晶的形成，而未对扩散生长模式下<111>晶面和<100>晶面生长取向的选择做更深层次的研究。

综上所述，研究制备了不同形貌 Cu_2O 颗粒，并根据已有的晶核生长理论初步探讨了前驱体、反应温度、pH 值、反应物浓度等因素对 Cu_2O 晶核形貌的影响，最终探索出了制备球形 Cu_2O 颗粒的工艺条件。

3.4.2 氧化亚铜的粒径控制

从实验结果可知，反应温度、pH 值（NaOH 的投加浓度）、葡萄糖的投加浓度等因素不仅对 Cu_2O 的形貌有影响，而且在一定范围内对球形 Cu_2O 颗粒的粒径也有一定的影响。因此，本节将重点分析以上几个影响因素对球形 Cu_2O 颗粒粒径的影响机理。

3.4.2.1 Cu$_2$O 粒径控制的基础理论

液相法制粉时，成核数量决定了最终颗粒粒径。在固体总体积一定的情况下，最终颗粒数目越多，粒径越小。由于成核过程还伴随着晶核的生长，传统晶体生长理论如 Weimarn 法则认为成核阶段的成核速率与晶核生长速率的大小决定了体系中最终的颗粒数目与所得颗粒粒径，但是没有给出具体的定量关系。日本学者 Tadao Sugimoto[112] 在传统晶体生长理论的基础上，推导出了定量的成核速率与颗粒粒数的关系式。

根据 Tadao Sugimoto 的推导，沉淀发生时，成核速率 J 与沉淀溶质的供给速率 Q_0 存在如下关系：

$$J = Q_0 V_m / V_{max} \qquad (3-3)$$

式中 J——晶核数量的增长速率，即成核速率，$(m^3 \cdot s)^{-1}$；

Q_0——成核期产物溶质的供给速率，$kmol/(m^3 \cdot s)$，在同一体系的短暂的成核期 Q_0 可被认为是恒定的；

V_m——晶体的摩尔体积，$m^3/kmol$；

V_{max}——成核期的最大晶核体积，m^3。

而成核期结束时的最终晶体颗粒密度 n_+^∞ 不仅与沉淀溶质的供给速率 Q_0 有关，而且与晶核的体积生长速率有关，其关系由式（3-4）表示：

$$n_+^\infty = Q_0 V_m / \bar{v}_+ \qquad (3-4)$$

式中 n_+^∞——最终晶体颗粒密度，m^{-3}；

$\bar{v}_+$——成核期晶核的体积平均生长速率，m^3/s。

由式（3-3）与式（3-4）可知，成核速率 J 与成核期产物溶质的供给速率 Q_0 成正比；最终颗粒密度 n_+^∞ 也与 Q_0 成正比，但成核期晶核的体积平均生长速率与 $\bar{v}_+$ 成反比。

而根据 Weimarn 法则，晶核的体积生长速率可由式（3-5）表示：

$$v_+ = \frac{DA(c - c_s)}{V_m \delta} \qquad (3-5)$$

式中 v_+——晶核的体积生长速率，$kmol/s$；

D——扩散系数；

A——晶核的表面积，m^2；

δ——固液界面扩散层的厚度，m；

c，c_s——分别为溶质的实际浓度和溶解度，$kmol/m^3$。

根据式（3-5）可知，晶核的体积生长是以过饱和浓度（$c-c_s$）为驱动因素的，同时与溶质在体系中的扩散性能有很大关系：溶质过饱和度越高，溶质在体系中的扩散越快，晶核的体积生长速率越快。

成核期产物溶质的供给速率 Q_0 会影响溶质的过饱和浓度 $(c-c_s)$，且与其正相关；通常认为，晶核的体积生长速率也会受到 Q_0 的影响，并与其正相关。此时，用式（3-4）分析 Q_0 对颗粒粒径的影响将变得困难。然而，通过理论假设、数学推导与均相体系中制备卤化银的实验验证[187,188]，Tadao Sugimoto 得出，溶质的供给速率 Q_0 发生变化时，式（3-3）中的成核速率 J 会相应发生变化；而式（3-5）中晶核的体积生长驱动因素 $(c-c_s)$ 的平均变化量却是恒定的，即式（3-4）中晶核的体积平均生长速率 $\bar{v}_+$ 不会随着 Q_0 的改变而发生变化，主要受到体系中溶质的扩散性能影响，Q_0 与 $\bar{v}_+$ 的变化是相互独立的。由此，采用式（3-4）分析 Q_0 对颗粒粒径的影响就变得简单。在实验中，Q_0 可通过调节产物溶质的进料速率或生成速率进行控制；而 $\bar{v}_+$ 主要通过改变体系中溶质的扩散性能进行控制。在溶质扩散性能相近的体系中，$\bar{v}_+$ 基本保持不变，由式（3-4）可知，此时 n_+^∞ 与 Q_0 呈直线关系。

3.4.2.2 Cu_2O 粒度的影响因素分析

Cu_2O 球形颗粒是以 $Cu(OH)_2$ 为前驱体时制备的，因此在粒径控制分析时不考虑 CuO 为前驱体的影响。实验中，反应的初始 pH 值很高，Cu^+ 与 OH^- 作用生成的 $CuOH$ 在溶液中极不稳定，可迅速转变为 Cu_2O，因此可用 Cu^+ 的供给速率代表 Cu_2O 结晶过程的溶质的供给速率 Q_0；另外，虽然高过饱和度下的主导生长模式是聚集生长，但是式（3-5）中的扩散系数 D 仍会对生长基元的扩散、运动、碰撞、聚集产生影响。因此可利用 Tadao Sugimoto 的理论，通过分析反应条件对成核期溶质的供给速率 Q_0、基元的扩散运动性能以及晶核的体积平均生长速率 $\bar{v}_+$ 的影响进行 Cu_2O 颗粒粒度的影响分析。

（1）温度的影响。实验中，反应温度越高，Cu^{2+} 的还原速率越快；同时，生长基元在体系中的扩散、运动以及碰撞作用越激烈。此时，溶质的供给速率 Q_0 与 Cu_2O 的体积平均生长速率 $\bar{v}_+$ 随温度的升高同时增大。但是由于温度对基元扩散运动的影响远小于对反应速率的影响，因此温度升高时 Q_0 的增量远大于 $\bar{v}_+$。所以，由式（3-4）可知，随着反应温度的提高，体系中 Cu_2O 的最终颗粒密度 n_+^∞ 增大，颗粒数量 n 增加，所得 Cu_2O 的粒径减小。

（2）葡萄糖浓度的影响。随着葡萄糖投加浓度的增大，Cu^{2+} 的还原速率加快，溶质的供给速率 Q_0 增大；而体系的黏度随着葡萄糖投加浓度的增大而升高，减弱了生长基元在体系中的扩散运动，Cu_2O 的体积平均生长速率 $\bar{v}_+$ 减小。此时，由式（3-4）可知，体系中 Cu_2O 的最终颗粒密度 n_+^∞ 增大，Cu_2O 的粒径减小。

（3）NaOH 投加浓度的影响。随着 NaOH 投加浓度的增大，体系 pH 值升高；由于在一定温度下 $Cu(OH)_2$ 的溶度积为常数，因此 pH 值的升高降低了游离 Cu^{2+} 的浓度，从而使反应速率降低，体系内溶质的供给速率 Q_0 降低。与此同时，pH 值升高使 Cu_2O 表面羟基化，从而加快了生长基元的形成，使得体积平均生长速率 $\bar{v}_+$ 增大。这样，随着氢氧化钠浓度的升高，体系中 Cu_2O 的最终颗粒密度 n_+^∞ 减小，Cu_2O 颗粒的粒径增大。

用表 3-1 ~ 表 3-3 中影响 Q_0 的因素的变化量与对应的 Cu_2O 的最终颗粒密度 n_+^∞ 作图后发现，温度、葡萄糖投加浓度以及 NaOH 投加浓度的变化与 Cu_2O 的最终颗粒密度 n_+^∞ 呈明显的直线关系，如图 3-14 所示。

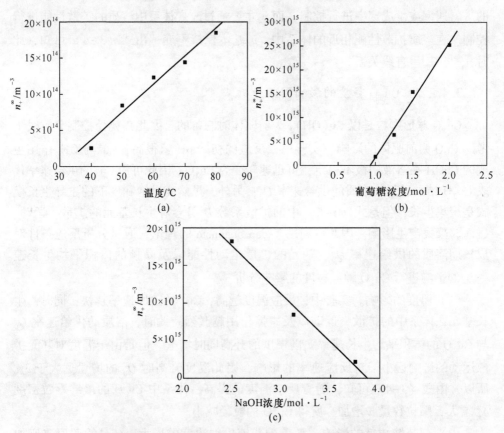

图 3-14　各影响因素与最终颗粒密度 n_+^∞ 的线性拟合

（a）温度与 n_+^∞ 的关系；（b）葡萄糖投加浓度与 n_+^∞ 的关系；（c）氢氧化钠投加浓度与 n_+^∞ 的关系

对图 3-14 中温度、葡萄糖投加浓度以及 NaOH 投加浓度和与之对应的 Cu_2O 的最终颗粒密度 n_+^∞ 的值进行线性拟合，拟合方程式见表 3-5。

表 3-5 影响因素与最终颗粒密度的线性关系拟合

影响因素	拟合方程	k	R^2
温度	$y=4\times10^{14}x-10^{13}$	4×10^{14}	0.9728
葡萄糖浓度	$y=2\times10^{16}x-2\times10^{16}$	2×10^{16}	0.9849
NaOH 浓度	$y=-10^{15}x+5\times10^{15}$	-10^{15}	0.9844

根据表 3-5 的拟合结果可以看出，实验中 n_+^∞ 与温度、反应物投加浓度等初始反应速率控制因素呈直线关系。该结果进一步说明了实验中温度与反应物投加浓度的变化对 Cu^{2+} 的还原速率的影响远大于对生长基元扩散运动作用的影响。因此，实验成核期溶质的供给速率 Q_0 对反应条件的变化更为敏感，Cu_2O 晶核的平均体积生长速率 $\bar{v}_+$ 的变化远小于 Q_0，$\bar{v}_+$ 相对于 Q_0 的变化可视为是恒定的，最终 n_+^∞ 与影响因素的变化呈线性关系。在实际生产过程中可采用上述线性关系对 Cu_2O 颗粒粒径进行预测，以控制球形 Cu_2O 颗粒制备过程的粒径。

3.5　氧化亚铜形貌粒径控制方法评价

在不加任何添加剂的条件下，用葡萄糖还原 Cu(Ⅱ) 固态前驱体制备了不同形貌和粒径的 Cu_2O 颗粒。本章通过实验研究考察了反应温度、葡萄糖与 NaOH 溶液的投加浓度对 Cu_2O 颗粒形貌粒径的影响，并用晶体成核生长理论分析了上述因素对 Cu_2O 颗粒形貌与粒径的影响机理，探索出了有效控制 Cu_2O 颗粒形貌粒径的方法，归纳如下：

（1）前驱体性状、葡萄糖投加浓度以及 NaOH 的投加浓度对 Cu_2O 颗粒形貌都有影响，这是由于晶粒的生长模式在不同反应条件下发生了改变，从而导致了 Cu_2O 颗粒形貌的变化。

1）以 CuO 为前驱体时，前驱体释放 Cu^{2+} 的速率缓慢，体系内 Cu^+ 的过饱和度较低，最终 Cu_2O 晶核在扩散生长模式下形成了具有其晶胞结构外貌的立方形单晶。

2）以 $Cu(OH)_2$ 为前驱体时制备出了分散性好、粒径均一的球形 Cu_2O 颗粒，但是在一些极端条件下也制备出了八面体的 Cu_2O 单晶颗粒。

3）当葡萄糖投加浓度小于 0.50mol/L 时，体系内 Cu^+ 的过饱和度较低，不能满足晶核聚集生长，但是生长基元更易于扩散，此时扩散生长为 Cu_2O 晶核的主导生长模式；而 OH^- 有选择性地吸附于晶核的 <111> 晶面又促使扩散生长以 <100> 晶面生长为主，所以最终颗粒为八面体形貌。

4）当 NaOH 溶液投加浓度大于 5.00mol/L 时，由于 Cu_2O 晶核的 <111> 晶面吸附了大量的 OH^-，因此抑制了 Cu_2O 的聚集生长和 <111> 晶面的扩散生长，晶核最终生长为八面体颗粒。

（2）在制备出球形 Cu_2O 颗粒的前提条件下，随着反应温度或葡萄糖浓度的升高，体系内最终颗粒密度 n_+^∞ 与颗粒数目 n 增加，产物粒径降低；随着 NaOH 的投加浓度的增大，体系内最终颗粒密度 n_+^∞ 与颗粒数目 n 减少，产物粒径增大。反应温度、葡萄糖投加浓度以及 NaOH 的投加浓度对 Cu_2O 颗粒粒径的影响有明显的规律性，并且各影响因素的变化量与 Cu_2O 最终颗粒密度 n_+^∞ 之间存在线性关系。

1）在研究中，随着反应温度或葡萄糖浓度的升高，成核期溶质的供给速率 Q_0 增大，而温度与反应物投加浓度的变化对 Cu_2O 晶核的平均体积生长速率 $\bar{v}_+$ 的影响很小，因此体系最终颗粒密度 n_+^∞ 与颗粒数目 n 增加，产物粒径降低。

2）pH 值升高降低了成核期溶质的供给速率 Q_0；与此同时，Cu_2O 晶核的体积平均生长速率 $\bar{v}_+$ 增大，从而使最终颗粒密度 n_+^∞ 减小，颗粒数目减少，产物粒径增大。

3）实验温度与反应物投加浓度的变化对成核期溶质的供给速率 Q_0 的影响远大于对 Cu_2O 晶核的平均体积生长速率 $\bar{v}_+$ 的影响，$\bar{v}_+$ 相对于 Q_0 可以视为定值，所以体系内最终颗粒密度 n_+^∞ 与各影响因素的变化呈直线关系。

4）通过对影响因素与最终颗粒密度 n_+^∞ 的数学关系进行分析，可在实际生产过程中采用已拟合的线性关系对 Cu_2O 颗粒的粒径进行预测，从而可实现对 Cu_2O 颗粒粒径的有效控制。

（3）由于设备条件限制，无法对实验体系的动力学数据进行精确采集，在影响因素讨论时，对一些反应速率等动力学指标仅仅提出了相对的定性分析，没有完全定量。

4 氧化亚铜颗粒的包覆研究

4.1 引　言

本书研究制备铜粉的过程是先用 H_2 还原 Cu_2O 颗粒制备出铜粉，而后进行高温热处理，以使铜粉致密化。根据金属在不同状态下的热力学性质可知，在熔点附近的液态金属与固态金属具有相同的结合键和近似的原子间结合力，原子热运动特性大致相同。在高温致密化过程中，铜原子受热后振动加强，极易在相接触的铜颗粒之间转移并形成结合键，最终造成铜颗粒的烧结团聚。为此，在 Cu_2O 颗粒的 H_2 还原—高温致密化处理之前，先用一种化合物对其进行包覆，以期包覆层的阻隔作用能抑制铜粉在高温状况下发生烧结，使铜粉能够继承前驱体 Cu_2O 颗粒的良好分散性。

由于涉及 Cu_2O 的 H_2 热还原以及铜粉高温致密化，为实现包覆的目的，包覆层采用的化合物及其热分解后的产物应为一种熔点很高的无机物，且不会在高温时与 H_2 发生反应。为了避免最终铜粉中被引入其他杂质，上述无机化合物及其热分解后的产物应该容易被去除，例如被酸、碱或者其他溶液从铜颗粒表面溶解清洗。

目前，较常用的无机包覆剂是一些在液相中容易沉淀的金属氢氧化物或水合氧化物。涉及的金属离子有二价离子（如 Mg^{2+}、Zn^{2+}）、三价离子（如 Al^{3+}、Fe^{3+}）、四价离子（如 Si^{4+}、Ti^{4+}）等[189,190]。上述离子及其氢氧化物中，$Mg(OH)_2$、$Zn(OH)_2$ 的溶度积常数较大（其数值分别为 $Mg(OH)_2$：$1.8×10^{-11}$，$Zn(OH)_2$：$2.09×10^{-16}$），在沉淀后容易发生沉淀—溶解—再沉淀的明显陈化过程，会影响 Cu_2O 颗粒表面包覆层的形态；Fe^{3+} 在热溶液中易与还原性物质（葡萄糖、Cu_2O）发生氧化还原反应而影响包覆效率；SiO_2 系薄膜包覆层稳定性好，但不易清洗；而 Ti^{4+} 原料价格相对较高，因此，拟采用 Al^{3+} 离子沉淀出 $Al(OH)_3$ 对 Cu_2O 颗粒进行包覆。

本章在制备出被 $Al(OH)_3$ 包覆的 Cu_2O 粉末（$Al(OH)_3/Cu_2O$ 包覆粉末）后，用 H_2 进行还原，并且进行了还原所得铜粉的高温致密化处理。通过对最终所得铜粉的形貌以及分散性的表征，以对铜颗粒的烧结团聚的阻隔作用为评价基础，考察了包覆的反应方式、体系 pH 值、温度、加料速度、反应时间等因素对 $Al(OH)_3$ 在 Cu_2O 颗粒表面的包覆效果的影响。在现有成熟的包覆理论的基础上分析了工艺的包覆机理，综合研究了 Cu_2O 颗粒表面包覆 $Al(OH)_3$ 的反应控制条件，探索了包覆工艺的有效控制方法。

4.2 工艺研究

4.2.1 试剂与仪器

制备 Cu_2O 颗粒所用的试剂与第 2 章相同，见表 2-1；十八水硫酸铝（$Al_2(SO_4)_3 \cdot 18H_2O$）为国药集团化学试剂公司产品；火法过程所用纯氢、纯氮为长沙高科特种气体厂生产。$Al(OH)_3$ 包覆 Cu_2O 颗粒的实验装置与 Cu_2O 颗粒制备的实验装置相同（见图 2-1）。

Cu_2O 的 H_2 热还原反应装置如图 4-1 所示，主要组成为白瓷舟、管式电炉（SK-5-10 型，长沙长城电炉厂）及温控仪。管式电炉的石英炉管为炉膛长度的 1.5 倍，在衬有石棉的炉膛内可以推入推出；石英管左侧的进气口为冷却区，炉膛内的恒温带为还原区。

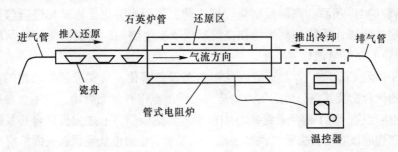

图 4-1 Cu_2O 的还原实验装置

4.2.2 研究内容与步骤

本章主要研究包覆的反应方式、体系 pH 值、温度、加料速度、反应时间等因素对 $Al(OH)_3$ 包覆 Cu_2O 颗粒的包覆效果（即所得铜粉分散性）的影响。

4.2.2.1 氧化亚铜的制备

采用第 2 章中的分步加碱沉淀法进行球形 Cu_2O 颗粒的制备，反应条件为：反应温度 50℃，NaOH 溶液浓度为 2.50mol/L，$CuSO_4$ 溶液浓度为 1.00mol/L，葡萄糖溶液浓度为 2.00mol/L，反应物体积均为 200mL。

4.2.2.2 氧化亚铜的包覆

A Al^{3+} 与 OH^- 共滴加法

制得 Cu_2O 浆料后，先用浓度为 1.0mol/L 的稀硫酸将体系的 pH 值调节至实验预设值；而后同时滴入 $Al_2(SO_4)_3$ 溶液与 NaOH 溶液，通过调节各物料的滴加速度将反应体系的 pH 值控制在预设值。滴完 $Al_2(SO_4)_3$ 后，继续反应 1h 进行陈化包覆，并间歇性滴入 NaOH 溶液，将体系 pH 值维持在预设值。包覆过程控制恒定温度。所得浆料经离心分离（3000r/min）后，用纯水洗涤 2 次，无水乙醇洗涤 2 次，最后 65℃下鼓风干燥 24h。Cu_2O 浆料的制备以及 Cu_2O 颗粒的包覆过程均在搅拌条件下进行，搅拌速率为 500r/min。包覆过程的 pH 值、温度以及反应溶液的体积和浓度将在 4.3 节详述。

B NaOH 滴加法

制得 Cu_2O 浆料后，先将 $Al_2(SO_4)_3$ 溶液迅速倒入反应器，然后缓慢滴加 NaOH 溶液调节反应体系的 pH 值；待反应体系的 pH 值调节至实验预设值后，继续反应 1h 进行陈化包覆，并间歇性滴入 NaOH 溶液以维持体系 pH 值。包覆过程控制恒定温度。包覆过程的 pH 值、温度以及反应溶液的体积和浓度将在 4.3 节详述。浆料收集、洗涤、干燥方法以及实验过程的搅拌速率与共滴加法相同。

4.2.2.3 Cu_2O 的还原与铜粉的致密化

Cu_2O 及 $Al(OH)_3$/Cu_2O 包覆粉末的 H_2 还原与所得铜粉的致密化处理工艺如下：将待还原的粉末均匀平铺于瓷舟中，置入石英管并推至还原区，用 H_2 排出空气后通电加热，在 175℃下还原 1.5h；而后升高炉温，分别在 300℃、400℃、500℃保温 1h，进行铜粉的高温致密化处理；最后用 N_2 排出 H_2，停止加热，推出石英管进行冷却。样品冷却至室温后取出；先用稀硫酸清洗粉体表面的包覆物，再用纯水洗涤（至水洗废液 pH 值为 5 左右时停止水洗），然后用无水乙醇洗涤 2 遍，最后于 65℃下真空干燥后得到铜粉。

实验中，H_2 流量为 300mL/min，管式炉升温速率为 7℃/min。

4.2.3 表征与检测方法

4.2.3.1 包覆层观察与包覆效果评价

采用日本 JSM-6360 型扫描电镜观察 Cu_2O 与铜粉颗粒的形貌与分散性，对 Cu_2O 颗粒包覆前后的表面变化做初步观察；通过观察所得铜粉颗粒在 SEM 图像中的分散性评价包覆效果。采用美国 FEI 公司 Tecnai G^2 20 ST 型透射电子显微镜（点分辨率 0.24nm，晶格分辨率 0.14nm）对包覆前后的 Cu_2O 颗粒进行进一步表征，通过 TEM 的质厚衬度成像观察包覆层的附着特征。

4.2.3.2 颗粒 Zeta 电位的测定

采用 Zetasizer Nano ZS 型纳米粒度和 Zeta 电位仪测定不同体系中 Cu_2O 与

$Al(OH)_3$ 的表面 Zeta 电位。

(1) $Al(OH)_3$ 和 Cu_2O 颗粒在清水中的 Zeta 电位随体系 pH 值的变化趋势。取少量 $Al(OH)_3$ 或 Cu_2O 颗粒置于测试溶液中，用稀硫酸和稀 NaOH 溶液调节体系 pH 值于预设值，经超声波分散后测定 Zeta 电位。

(2) $Al(OH)_3$ 和 Cu_2O 颗粒在制备 Cu_2O 颗粒的实际溶液中的 Zeta 电位测定。制备出 Cu_2O 颗粒后，用孔径为 $0.45\mu m$ 的醋酸纤维膜过滤悬浊液，然后取少量 $Al(OH)_3$ 或 Cu_2O 颗粒置于过滤所得的上清液中，用稀硫酸和稀 NaOH 溶液调节体系 pH 值于预设值，经超声波分散后测定 Zeta 电位随 pH 值的变化趋势。

4.2.3.3 物料滴速测定

实验采用医用一次性输液器控制物料恒速滴入，并在加料过程中计时。先量取一定体积的反应液装入液体储器，在加料结束后量取剩余反应液的体积即可得到反应溶液所消耗的体积，而后通过反应溶液消耗的体积以及加料过程的计时得出反应液的滴速。

4.2.3.4 包覆量的测算

A $Al(OH)_3$ 的理论包覆量

首先假设加入体系中的 $CuSO_4 \cdot 5H_2O$ 全部转化为 Cu_2O 颗粒产品，根据化学计量关系计算 Cu_2O 的理论产量 m_1；假设加入体系中的 $Al_2(SO_4)_3$ 全部水解，并且水解生成的 $Al(OH)_3$ 沉淀全部包覆于 Cu_2O 颗粒表面，根据化学计量关系计算 $Al(OH)_3$ 的理论包覆质量 m_2，则 $Al(OH)_3/Cu_2O$ 包覆粉末的 $Al(OH)_3$ 的理论包覆量 θ_i 可表示为式 (4-1)：

$$\theta_i = \frac{m_2}{m_1 + m_2} \times 100\% \qquad (4-1)$$

B $Al(OH)_3$ 的实际包覆量

取一定质量 (0.05g 左右，用 m_3 表示) 的干 $Al(OH)_3/Cu_2O$ 包覆粉末完全溶于稀硝酸中，而后在 50mL 容量瓶中用去离子水定容。采用 HK-2000 型原子发射 ICP 光谱仪测定上述溶液中的 Al^{3+} 的离子浓度。由 ICP 测出的 Al^{3+} 浓度以及溶液体积计算包覆粉末样品中 $Al(OH)_3$ 的实际包覆质量 m_4。$Al(OH)_3$ 的实际包覆量 θ_p 可表示为式 (4-2)：

$$\theta_p = \frac{m_4}{m_3} \times 100\% \qquad (4-2)$$

C Al^{3+} 的有效利用率

得出 $Al(OH)_3$ 的实际包覆量 θ_p 与理论包覆量 θ_i 后，实验过程中 Al^{3+} 的有效利用率 ε 可由式 (4-3) 计算：

$$\varepsilon = \frac{\theta_p}{\theta_i} \times 100\% \qquad (4-3)$$

4.2.3.5　物相分析

采用 Rigaku D/max 2550 型转靶 X 射线衍射仪进行物相分析（分析条件：Cu K_α 靶，$\lambda = 0.15406$nm，管电压 40kV，管电流 300mA）。

4.2.3.6　红外分析

使用 FTIR-650 型傅里叶红外光谱仪对包覆前后的颗粒进行红外分析，分析样品中的化学结构。光谱范围 4000～500cm^{-1}。

4.2.3.7　热分析

采用 SDTQ600 型热分析仪（美国 TA 公司）对包覆后的 Cu_2O 进行热重分析（条件：Ar 气氛，气体流速 100mL/min，升温速度 10℃/min，温度范围 30～900℃）。

4.3　技术效果

298K 时，$Al(OH)_3$ 的溶度积常数为 1.3×10^{-33}[187]，水溶液中的 Al^{3+} 极易水解得到 $Al(OH)_3$ 或 Al_2O_3 的水合物。

Al^{3+} 水解的化学反应式如下：

$$Al^{3+} + 3OH^- \Longrightarrow Al(OH)_3 \downarrow \qquad (4-4)$$

或写作：

$$2Al^{3+} + 6OH^- + (n-3)H_2O \Longrightarrow Al_2O_3 \cdot nH_2O \downarrow \qquad (4-5)$$

上述水解反应的生成物 $Al(OH)_3$ 或 Al_2O_3 水合物以沉淀的形式包覆在 Cu_2O 颗粒表面，即为液相沉积表面包覆过程。在液相沉积表面包覆过程中，存在核包覆和膜包覆的竞争，亦即均匀成核和非均匀成核的竞争，而包覆层形态决定着包覆性能的好坏。膜包覆具有覆层分布均匀、厚度和化学组分可调、工艺简单、经济等特点，包覆效果明显优于核包覆。因此，研究的目的是探索合适的工艺条件，使 $Al(OH)_3$ 以膜包覆的形式附着于 Cu_2O 颗粒的表面。

在特定温度下，用非均匀成核法在 Cu_2O 颗粒表面包覆 $Al(OH)_3$，关键在于控制好溶液中 $Al(OH)_3$ 的浓度，使其处于发生均匀成核所需的临界值和发生非均匀成核所需的临界值之间，使 $Al(OH)_3$ 生长基元以 Cu_2O 颗粒为核在其表面生长。溶液中 $Al(OH)_3$ 的浓度与 Al^{3+} 的水解速率有关，这就需要考察包覆体系中影响 $Al(OH)_3$ 生成的动力学因素，实现对包覆模式的控制。

另外，在液相沉积表面包覆过程中，溶液中包覆基体与覆层物质的 Zeta 电位也起到了不容忽视的作用。Zeta 电位与颗粒在体系中的表面带电性质相关，它不仅可以表征颗粒的分散性，同时也是颗粒之间斥力或引力的强度的度量。简单地讲，若 Cu_2O 颗粒与 $Al(OH)_3$ 胶粒表面电荷相同时，两者之间存在静电斥力，会在一定程度上抑制 $Al(OH)_3$ 胶粒在 Cu_2O 颗粒表面的沉积；若 Cu_2O 颗粒与 $Al(OH)_3$ 胶粒表面电荷相反时，两者之间存在静电引力，$Al(OH)_3$ 胶粒有自发吸附在 Cu_2O 颗粒表面的趋势。与此同时，Cu_2O 颗粒表面所带电荷与 Al^{3+} 之间的作用也会影响 $Al(OH)_3$ 在 Cu_2O 颗粒表面的沉积包覆。

因此，在研究包覆过程的最佳工艺时，需综合考虑 $Al(OH)_3$ 的沉积速率以及体系中 Cu_2O 颗粒与 $Al(OH)_3$ 胶粒的 Zeta 电位。这样才能够更全面地分析包覆效果的影响因素，从而实现对包覆工艺的有效控制。

4.3.1　$Al(OH)_3$ 包覆 Cu_2O 的必要性考察

通过观察未包覆的 Cu_2O 颗粒经氢还原前后的颗粒的形貌变化，考察了 $Al(OH)_3$ 包覆 Cu_2O 的必要性。还原前的未包覆 Cu_2O 颗粒的典型 SEM 与 TEM 图像分别如图 4-2 与图 4-3 所示。由图 4-2 可以看出，Cu_2O 粒子为球形，表面光滑，粒径均匀，分散性良好，平均粒径为 $0.6\mu m$ 左右。

图 4-2　未包覆 Cu_2O 颗粒的典型 SEM 图像

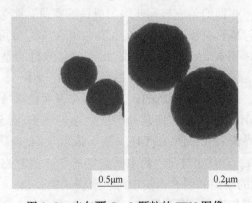

图 4-3　未包覆 Cu_2O 颗粒的 TEM 图像

通过图4-3中的TEM图像可进一步观察到，Cu_2O颗粒之间仅为简单接触，没有形成团聚。在TEM图像上，Cu_2O颗粒的不同区域间不存在明暗衬度的差别，说明Cu_2O颗粒没有被其他物质包覆。

未包覆的Cu_2O粉末经过H_2还原—高温致密化处理后所得铜粉的SEM图像如图4-4所示。由图4-4可以看出，铜颗粒严重烧结，完全失去了图4-2中Cu_2O前驱体具有的良好分散性，说明对Cu_2O颗粒进行包覆处理是必要的。

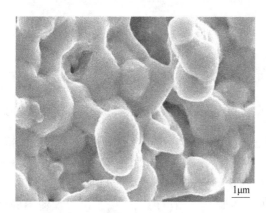

图4-4　铜粉的严重烧结现象

4.3.2　反应方式对包覆效果的影响

本节中包覆全过程控制温度为（75±3）℃，在覆层物的投加量（以$Al(OH)_3$计）为Cu_2O理论产量的1/3（质量比）的条件下，考察不同的加料方式对包覆效果的影响，并确定合适的Al^{3+}加入方式。

4.3.2.1　Al^{3+}与OH^-共滴加法

制得Cu_2O浆料后，将体系温度升高至75℃。此时，体系的pH值为9.27。先用稀硫酸将体系pH值调节至6.00左右；而后将100mL浓度为0.3mol/L的$Al_2(SO_4)_3$溶液与浓度为0.5mol/L的NaOH溶液同时滴入反应器，控制物料滴速将反应体系的pH值维持在5.50~6.00之间。滴完$Al_2(SO_4)_3$后继续陈化1h，并间歇性滴入NaOH溶液，继续维持体系pH值。实验中，滴加$Al_2(SO_4)_3$溶液用时50min，滴速为2mL/min。所得$Al(OH)_3/Cu_2O$包覆粉末的SEM图像和TEM图像分别如图4-5和图4-6所示。

在包覆后的浆料的离心分离过程中观察到，分离液为褐色悬浊液，而固相沉淀物出现了分层现象。其中，固相沉淀物的上层为灰白色胶状物，下层为红色粉末颗粒。由实验过程可以初步推断出上层胶状物为$Al(OH)_3$胶体，下层颗粒为Cu_2O颗粒。上述分层现象说明有大量的$Al(OH)_3$没有包覆于Cu_2O颗粒表面，且形成了独立的沉淀。

图4-5 Al^{3+} 与 OH^- 共滴加法包覆所得 $Al(OH)_3/Cu_2O$ 粉末的 SEM 图像

由图4-5可以看出，$Al(OH)_3/Cu_2O$ 包覆颗粒基本上保持了未包覆 Cu_2O 颗粒的球状形貌和分散性。但是球形颗粒周围存在大量没有包覆于颗粒表面的絮状物。可以判断出，该絮状物为独立沉淀出的 $Al(OH)_3$。

在图4-6的 TEM 图像上，$Al(OH)_3/Cu_2O$ 包覆颗粒不同区域存在明显的明暗差别，外层区间对应着较亮的衬度。根据 TEM 质厚衬度成像原理可知，外层物质的质量厚度相对内层物质或其组成元素的原子序数较小。结合实验可知，TEM 图像中的明暗衬度分别对应 Al 元素与 Cu 元素的化合物，说明 Cu_2O 颗粒表面存在 $Al(OH)_3$ 包覆层。图4-6中，$Al(OH)_3/Cu_2O$ 包覆粉末的分散性一般，存在数个颗粒被同时包裹的现象；包覆层厚度分布很不均匀，并且没有形成连续的包覆膜。从包覆层物质的形态可以判断，$Al(OH)_3$ 可能在 Cu_2O 颗粒表面发生了有方向选择性的生长；或是先形成独立沉淀后才吸附于 Cu_2O 颗粒表面，$Al(OH)_3$ 存在明显的自发成核生长现象，包覆形式为典型的核包覆。

用 Al^{3+} 与 OH^- 共滴加法包覆得到的 $Al(OH)_3/Cu_2O$ 包覆粉末经过 H_2 还原—高温致密化处理后所得铜粉的 SEM 图像如图4-7所示。由图4-7可以看出，铜颗粒出现了严重的烧结团聚的现象，仅有少量颗粒保持了前驱体的形貌与分散性。由此可知，采用 Al^{3+} 与 OH^- 共滴加法形成的 $Al(OH)_3$ 包覆层未能对铜颗粒的高温烧结起到有效的阻隔作用。

4.3.2.2 NaOH 滴加法

制得 Cu_2O 浆料后，将反应体系的温度升高至75℃，此时，体系的 pH 值为9.35；然后一次性加入体积为100mL，浓度为0.3mol/L 的 $Al_2(SO_4)_3$ 溶液，体系的 pH 值降至3.74；之后缓慢滴入浓度为0.5mol/L 的 NaOH 溶液，调节反应体系的 pH 值至7.00；最后陈化1h，陈化过程间歇性滴入 NaOH 溶液，将体系 pH 值

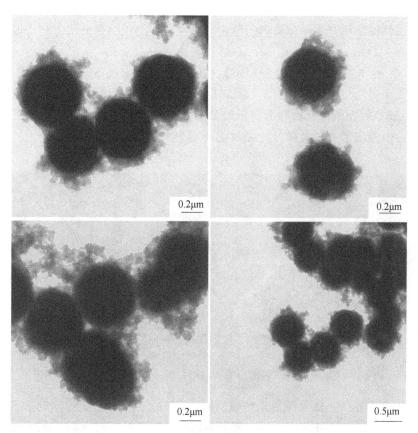

图 4-6　Al³⁺ 与 OH⁻ 共滴加法包覆所得 Al(OH)₃/Cu₂O 粉末的 TEM 图像

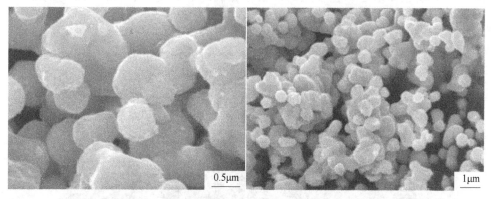

图 4-7　用 Al³⁺ 与 OH⁻ 共滴加法包覆后的 Cu₂O 经还原—致密化处理后所得铜粉的 SEM 图像

维持在 6.50 ~ 7.00 之间。实验中调节体系 pH 值至 7.00 用时 1h，NaOH 溶液用量为 150mL，滴速为 2.5mL/min。

在浆料的离心分离过程中观察到，分离液为较清澈的黄色溶液，基本没有固相胶体或颗粒杂质存在；分离出的固相沉淀物没有出现明显分层，初步说明 Al^{3+} 水解出的 $Al(OH)_3$ 已经包覆于 Cu_2O 颗粒表面。

NaOH 滴加法包覆得到的 $Al(OH)_3/Cu_2O$ 包覆粉末的 SEM 图像如图 4-8 所示。由图 4-8 可以看出，$Al(OH)_3/Cu_2O$ 包覆颗粒虽然表面略显粗糙，但保持了未包覆 Cu_2O 颗粒的球状形貌和良好的分散性，颗粒几乎没有絮状杂质存在。该结果进一步说明了 Al^{3+} 水解出的 $Al(OH)_3$ 已经包覆于 Cu_2O 颗粒表面。

图 4-8 NaOH 滴加法包覆所得 $Al(OH)_3/Cu_2O$ 包覆粉末的 SEM 图像

图 4-9 所示为 NaOH 滴加法包覆所得 $Al(OH)_3/Cu_2O$ 包覆粉末的 TEM 图像。由图 4-9 可知，$Al(OH)_3/Cu_2O$ 包覆颗粒的分散性良好；衬度较暗的 Cu_2O 颗粒完全被衬度较亮的 $Al(OH)_3$ 层所包覆；覆层物质分布均匀、质地致密，为典型的成膜包覆形态；包覆层的外延存在偶尔絮状物质，可能为后期水解出的 $Al(OH)_3$ 在前期形成的包覆层表面发生方向选择性生长所致。

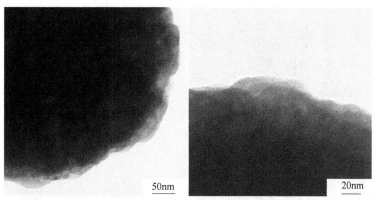

图4-9　NaOH滴加法包覆所得 Al(OH)$_3$/Cu$_2$O 包覆粉末 TEM 图像

NaOH滴加法包覆所得的 Al(OH)$_3$/Cu$_2$O 包覆粉末经还原—致密化处理后所得铜粉的 SEM 图像如图4-10所示。由图4-10可以看出，铜颗粒形貌基本保持了前驱体 Cu$_2$O 颗粒以及 Al(OH)$_3$/Cu$_2$O 包覆颗粒的球形形貌，分散性良好，无烧结现象发生。说明实验采用 NaOH 滴加法形成 Al(OH)$_3$ 包覆层能有效抑制铜颗粒的高温烧结。

图4-10　NaOH滴加法包覆的 Cu$_2$O 经氢还原—致密化处理后所得铜粉的 SEM 图像

4.3.2.3　分析讨论

综上所述，在 Al^{3+} 的投加量相同时，Al^{3+} 与 OH$^-$ 共滴加法未能达到包覆目的，而 NaOH 滴加法实现了良好的包覆效果。采用不同加料方式包覆后，Cu$_2$O 颗粒表面的 Al(OH)$_3$ 包覆层形态不同，用 Al^{3+} 与 OH$^-$ 共滴加法进行包覆时，核包覆占主导地位；用 NaOH 滴加法进行包覆时，膜包覆为主要包覆模式。为全面考察加料方式对包覆层形态的影响，实验测定了 Cu$_2$O 颗粒与 Al(OH)$_3$ 胶粒在不同体系中的 Zeta 电位随 pH 值的变化，如图4-11与图4-12所示。

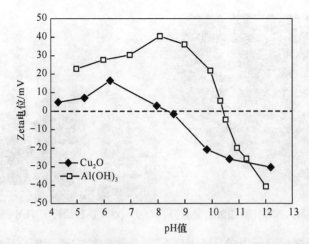

图4-11 Cu₂O颗粒与Al(OH)₃胶粒在水中的Zeta电位随体系pH值的变化

从图4-11可以看出，在水中Cu₂O颗粒与Al(OH)₃胶粒表面的电动力学特征存在显著差异。Cu₂O颗粒在水中的等电点约为8.5，Al(OH)₃胶粒在水中的等电点约为10.5。在pH值为8.5~10.5时，Cu₂O颗粒与Al(OH)₃胶粒表面电荷相反，颗粒之间存在静电引力；当pH<8.5或pH>10.5时，存在静电斥力。在清水体系中，控制pH值为8.5~10.5时，Al(OH)₃胶粒可自动沉积于Cu₂O颗粒表面。

研究中在Cu₂O颗粒的制备体系中直接对其进行了包覆。此时，溶液中还存在SO_4^{2-}、$C_6H_{11}O_7^-$等阴离子以及Na^+等阳离子。上述离子的存在会影响Cu₂O颗粒与Al(OH)₃胶粒的表面Zeta电位。因此，实验测定了Cu₂O颗粒与Al(OH)₃胶粒在制备Cu₂O的实际溶液中的Zeta电位随pH值的变化，如图4-12所示。

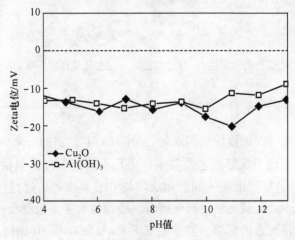

图4-12 Cu₂O颗粒与Al(OH)₃胶粒在实际反应溶液中的Zeta电位随pH值的变化

由图 4-12 可知，在所测 pH 值（4～13）范围内，Cu_2O 颗粒与 $Al(OH)_3$ 胶粒在实际体系中的 Zeta 电位均为负，颗粒表面都带负电荷。而在实验中，用 Al^{3+} 与 OH^- 共滴加法包覆 Cu_2O 颗粒时，体系的 pH 值介于 5.50～6.00 之间；用 NaOH 滴加法包覆 Cu_2O 颗粒时，体系的 pH 值介于 3.74～7.00 之间。由上述结果可以推断，用两种不同加料方式包覆 Cu_2O 颗粒时，Cu_2O 颗粒与 $Al(OH)_3$ 胶粒之间都存在斥力，$Al(OH)_3$ 在 Cu_2O 颗粒表面的附着都会受到抑制；但实验结果显示，两种加料方式的包覆效果却存在很大差异。因此需要从 $Al(OH)_3$ 的沉积过程分析加料方式对包覆模式以及包覆效果的影响。

采用的两种加料方式的明显差异在于水解反应发生时体系内的优势离子不同。用 Al^{3+} 与 OH^- 共滴加法对 Cu_2O 颗粒进行包覆时，反应液的 pH 值为 6.00，Al^{3+} 滴入后极易水解，OH^- 便可视作优势离子；用 NaOH 滴加法进行包覆时，由于 Al^{3+} 一次性倾入反应器后，体系 pH 值迅速下降至 3.74，此时 Al^{3+} 水解程度较低，能够有效扩散，便可视作优势离子。上述差异使得 $Al(OH)_3$ 的沉积过程出现巨大差别：

（1）用 Al^{3+} 与 OH^- 共滴加法进行包覆时，体系内的优势离子为 OH^-。Al^{3+} 滴入后未经有效扩散就发生快速水解，生成 $Al(OH)_3$。$Al(OH)_3$ 生成后，在 Cu_2O 颗粒表面的附着或生长受到静电斥力的抑制，因此通过均匀成核形成独立的 $Al(OH)_3$ 沉淀，从而影响了包覆效果。

（2）用 NaOH 滴加法进行包覆时，体系内的优势离子为 Al^{3+}。Al^{3+} 在初始条件下水解程度较低，绝大多数以离子形态存在，能够向 Cu_2O 颗粒表面扩散。由于 Cu_2O 颗粒表面带有负电荷，Al^{3+} 能与 Cu_2O 颗粒上的负电荷中心形成静电或化学键吸附[191]，保证改性组分在颗粒表面的附着。其一，吸附于 Cu_2O 颗粒表面的 Al^{3+} 水解后生成的 $Al(OH)_3$ 可直接在 Cu_2O 颗粒表面生长；其二，Cu_2O 的强极性使其表面的吸附水因极化解离形成羟基，Al^{3+} 能够与羟基生成络合物并通过氢键或脱水以化学吸附的形式沉积于 Cu_2O 颗粒表面[192]；其三，被吸附的 Al^{3+} 会通过电中和作用降低 Cu_2O 颗粒表面的电负性，有利于外围 Al^{3+} 水解生成的 $Al(OH)_3$ 在 Cu_2O 颗粒表面的沉积，由此实现 $Al(OH)_3$ 在 Cu_2O 颗粒表面的膜包覆。

综上所述，用 NaOH 滴加法对 Cu_2O 颗粒进行包覆可以达到包覆的目的。在 NaOH 滴加法的包覆过程中，Al^{3+} 在体系内扩散以及在 Cu_2O 颗粒表面的吸附对包覆层形态和包覆效果起到了关键作用，而 pH 值决定了 Al^{3+} 能否有效扩散。另外，温度、碱液滴加速度以及陈化时间等因素也对 Al^{3+} 水解速率与水解效率产生重要的影响。实验以粒径为（0.5 ± 0.1）μm 的 Cu_2O 颗粒为包覆基体，用 NaOH 滴加法对 Cu_2O 颗粒进行包覆，考察了上述因素对包覆效果的影响。

4.3.3 pH 值对包覆效果的影响

用 NaOH 滴加法进行包覆时，体系的 pH 值是一个动态值，其极值会对包覆效果产生影响。首先，在加入 $Al_2(SO_4)_3$ 溶液之后、滴加 NaOH 溶液之前的初始 pH 值影响着 Al^{3+} 的水解程度，进而影响 Al^{3+} 向 Cu_2O 颗粒表面的扩散效率，最终影响包覆效果。其次，由于 $Al(OH)_3$ 属于两性氢氧化物，因此在陈化包覆阶段的终点 pH 值会影响 Al 元素的最终形态并影响最终包覆效果。因此，对 pH 值影响的考察分为初始 pH 值的考察与陈化 pH 值的考察两部分。在实验过程中，控制包覆过程温度为 (75 ± 3) ℃；Al^{3+} 的投加浓度为 0.6mol/L，体积为 100mL；NaOH 溶液的滴速为 2.5mL/min；陈化时间为 1h。

4.3.3.1 初始 pH 值的考察

在陈化 pH 值为 7.00 时考察初始 pH 值的影响。制得 Cu_2O 浆料后，先向反应器内滴入数滴稀硫酸或 NaOH 溶液，而后一次性加入 $Al_2(SO_4)_3$ 溶液，从而获得不同的包覆初始 pH 值。不同实验的初始 pH 值分别为 3.17、3.74、4.35、5.13。各实验所得 $Al(OH)_3/Cu_2O$ 包覆粉末中 $Al(OH)_3$ 的理论包覆量 θ_i、实际包覆量 θ_p、Al^{3+} 有效利用率 ε 以及所得铜粉的性状见表 4-1。

表 4-1 初始 pH 值对包覆效果的影响

初始 pH 值	$\theta_i/\%$	$\theta_p/\%$	$\varepsilon/\%$	铜粉性状
3.17	24.66	3.34	13.52	分散
3.74	24.66	2.70	10.93	分散
4.35	24.66	1.36	5.50	连体颗粒
5.13	24.66	0.38	1.55	严重烧结

由表 4-1 可知，随着初始 pH 值的升高，$Al(OH)_3/Cu_2O$ 包覆粉末中 $Al(OH)_3$ 的实际包覆量以及 Al^{3+} 有效利用率迅速下降，最终所得铜粉也逐步出现烧结现象。在包覆的初始 pH 值为 3.74 时，所得铜粉分散性良好，样品的 $Al(OH)_3$ 实际包覆量为 2.70%，Al^{3+} 有效利用率为 10.93%；在包覆的初始 pH 值为 4.35 时，样品的 $Al(OH)_3$ 实际包覆量为 1.36%，Al^{3+} 有效利用率为 5.50%，铜粉开始出现若干颗粒孪生烧结的现象；当初始 pH 值升至 5.13 后，最终所得的铜粉严重烧结，此时样品的 $Al(OH)_3$ 实际包覆量为 0.38%，Al^{3+} 有效利用率为 1.55%。造成上述结果的原因是：随着初始 pH 值的升高，Al^{3+} 向 Cu_2O 颗粒表面的扩散效率降低；同时其水解速率提高，导致体系中 $Al(OH)_3$ 的过饱和度升高，从而抑制了 $Al(OH)_3$ 在 Cu_2O 颗粒表面的膜包覆。在实验中观察到，随着包覆的初始 pH 值提高，浆料经离心分离出的反应液变得浑浊。说明随着包覆

初始 pH 值的提高，Al(OH)$_3$ 的均匀成核现象变得明显。由此可见，包覆时的初始 pH 值应尽量控制在4.0以下。

包覆初始 pH 值较低（<3.5）时，在浆料的离心分离过程中发现分离出的上清液略显蓝色，可以初步判断出该 pH 值范围内有部分 Cu$_2$O 颗粒被腐蚀并溶出 Cu^{2+}。在包覆初始 pH 值为3.17时得到的 Al(OH)$_3$/Cu$_2$O 包覆粉末的 TEM 图像如图4-13所示，可以看出 Cu$_2$O 颗粒出现了被腐蚀的现象。

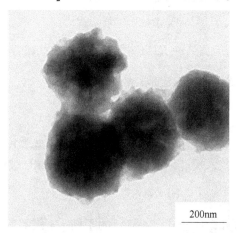

200nm

图4-13　包覆初始 pH 值为3.17时用 NaOH 滴加法包覆
所得 Al(OH)$_3$/Cu$_2$O 粉末的 TEM 图像

Cu$_2$O 颗粒被腐蚀后，最终所得铜粉的球形度与光洁度明显变差，如图4-14所示。由此可知，虽然降低初始 pH 值可以提高包覆效率，但其值不宜过低。

0.5μm

图4-14　包覆初始 pH 值为3.17时用 NaOH 滴加法包覆所得 Al(OH)$_3$/Cu$_2$O
经还原—致密化处理后所得铜粉的 SEM 图像

Cu$_2$O 颗粒的腐蚀原因涉及金属铜及其化合物与溶液中的离子的平衡原理，即 Cu-H$_2$O 系中 Cu、Cu$_2$O、CuO 与溶液中 Cu$^+$、Cu^{2+} 的平衡[180]。

Cu_2O 在水溶液体系中会发生如下反应：

$$Cu_2O + 2H^+ \Longrightarrow 2Cu^+ + H_2O \tag{4-6}$$

Cu^+ 溶出后，在水中会发生如下的歧化反应：

$$2Cu^+ \Longrightarrow Cu^{2+} + Cu \tag{4-7}$$

合并反应方程式（4-7）与式（4-8）可得：

$$Cu_2O + 2H^+ \Longrightarrow Cu^{2+} + Cu + H_2O \tag{4-8}$$

根据吉布斯定律，对反应式（4-8）有：

$$\Delta G = \Delta G^{\ominus} + RT\ln\frac{a_{Cu^{2+}}\, a_{Cu}}{a_{Cu_2O}} + 2.303nRT\text{pH} \tag{4-9}$$

在平衡状态下，$\Delta G = 0$，相应地

$$\text{pH} = \frac{-\Delta G^{\ominus}}{4.606RT} - \frac{1}{2}\lg a_{Cu^{2+}} \tag{4-10}$$

在75℃时，反应式（4-8）的标准吉布斯自由能变化 $\Delta G^{\ominus}_{(4-9)} = -19.552$kJ/mol[192,193]，将 $\Delta G^{\ominus}_{(4-9)}$ 代入式（4-10），得到75℃时，Cu_2O 歧化的平衡 pH 值为：

$$\text{pH} = 1.467 - \frac{1}{2}\lg a_{Cu^{2+}} \tag{4-11}$$

由式（4-11）可知，反应式（4-8）的平衡 pH 值随着 Cu^{2+} 的活度降低而升高。用 Cu^{2+} 的浓度代替活度，可以计算出 Cu^{2+} 离子的浓度为 1mol/L、1×10^{-2}mol/L、1×10^{-4}mol/L 时，反应式（4-8）的平衡 pH 值分别为 1.467、2.467、3.467。

在 $Cu-H_2O$ 系的 φ-pH 图中（见图4-15）可更直观地看出 Cu_2O 歧化的平衡 pH 值随体系中 Cu^{2+} 浓度的变化关系以及 $Cu-H_2O$ 系中 Cu 元素各相稳定存在的 φ-pH 区域。制图时，$Cu-H_2O$ 系中可能发生的反应及其电位 φ-pH 函数关系见表4-2。

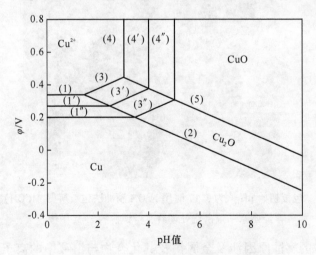

图4-15 $Cu-H_2O$ 系的 φ-pH 图（75℃）

表 4-2 溶液中的反应及其 75℃时 φ-pH 函数关系[192,193]

序号	反应	$\varphi^{\ominus}$/V	φ-pH 函数关系
1	$Cu^{2+}+2e = Cu$	0.3395	$\varphi=0.3395$ $\varphi'=0.2705$ $\varphi''=0.2015$
2	$Cu_2O+2H^++2e = 2Cu+H_2O$	0.4409	$\varphi=\varphi'=\varphi''=0.4409-0.0690pH$
3	$2Cu^{2+}+H_2O+2e = Cu_2O+2H^+$	0.2382	$\varphi=0.2382+0.0690pH$ $\varphi'=0.1002+0.0690pH$ $\varphi''=-0.0378+0.0690pH$
4	$CuO+2H^+ = Cu^{2+}+H_2O$	——	$pH=3.012$ $pH'=4.012$ $pH''=5.012$
5	$2CuO+2H^++2e = Cu_2O+H_2O$	0.6542	$\varphi=\varphi'=\varphi''=0.6542-0.0690pH$

注：* 表中 φ，φ'，φ'' 分别是 Cu^{2+} 浓度为 1mol/L、1×10^{-2}mol/L、1×10^{-4}mol/L 时的平衡电位。

在制备 Cu_2O 颗粒时反应温度较高，葡萄糖与碱都过量，反应较为彻底，体系内残余的 Cu^{2+} 浓度较低，此时反应式（4-8）的平衡 pH 值较高。在向体系加入 $Al_2(SO_4)_3$ 溶液后，体系 pH 值迅速降低，从而使得 Cu_2O 颗粒极易被腐蚀。可以预测的是，随着 Cu_2O 颗粒腐蚀比率的提高，体系内 Cu^{2+} 浓度将升高，并且会出现单质铜颗粒；而腐蚀产生的 Cu^{2+} 在包覆过程中随着 pH 值的升高会再次形成沉淀。一方面，再次沉淀出的含 Cu 物质会影响最终所得铜粉的形貌粒径；另一方面，再次沉淀出的含 Cu 物质很难被包覆，将在后续工艺中被还原成单质铜，并会在高温致密化过程中发生烧结团聚，从而影响最终所得铜粉的分散性。

综上所述，为将歧化反应产生的 Cu^{2+} 浓度控制在 1×10^{-4}mol/L 以下，包覆时的初始 pH 值应大于 3.5 为宜。由此可知，包覆时的初始 pH 值应控制在 3.5 ~ 4.0 之间。

4.3.3.2 陈化 pH 值的考察

在初始 pH 值为 3.70 左右考察陈化 pH 值的影响。包覆时，滴加 NaOH 溶液将陈化 pH 值分别调节至 5.00、7.00、8.00、9.00。不同实验所得 $Al(OH)_3$/Cu_2O 包覆粉末中 $Al(OH)_3$ 的理论包覆量 θ_i、实际包覆量 θ_p、Al^{3+} 有效利用率 ε 以及所得铜粉的性状见表 4-3。

表 4-3 陈化 pH 值对包覆效果的影响

陈化 pH 值	θ_i/%	θ_p/%	ε/%	铜粉性状
5.00	24.66	4.62	18.73	分散
7.00	24.66	2.70	10.93	分散

陈化 pH 值	θ_i/%	θ_p/%	ε/%	铜粉性状
8.00	24.66	0.63	2.56	烧结
9.00	24.66	0.27	1.09	严重烧结

由表4-3可知，随着陈化pH值的升高，样品的Al(OH)$_3$包覆量以及Al^{3+}的有效利用率迅速下降，最终所得的铜粉也逐步出现烧结现象。这是由于Al(OH)$_3$为两性氢氧化物所致。Al(OH)$_3$存在两种电离形式，既是弱酸又是弱碱。因此，随着陈化pH值的升高，Al(OH)$_3$的酸性逐步体现，体系内会发生如下反应：

$$Al(OH_3) + OH^- \Longrightarrow AlO_2^- + 2H_2O \qquad (4-12)$$

这样，包覆于Cu$_2$O颗粒表面的Al(OH)$_3$可能会以AlO$_2^-$的形式再次进入溶液。随着pH值的升高，体系内AlO$_2^-$增多，从而降低Al(OH)$_3$的包覆量以及Al^{3+}的有效利用率，影响最终的包覆效果。另外，反应式（4-12）的平衡过程中AlO$_2^-$的溶解—水解的反复过程也会加强Al(OH)$_3$的Ostwald陈化作用，使得以非均匀成核模式包覆于Cu$_2$O颗粒表面的Al(OH)$_3$在体系内发生均匀成核生长，对最终包覆效果产生不利的影响。同理，在陈化pH值过低时，Al(OH)$_3$会发生碱式电离溶出Al^{3+}，减弱包覆效果。但在实验中，最低的陈化pH值为5，Al(OH)$_3$的碱式电离对包覆效果没有明显影响。

综上所述，包覆时的陈化pH值应控制在5.00~7.00之间。

4.3.4 温度对包覆效果的影响

在初始pH值为3.70左右，陈化pH值为7.00左右，NaOH溶液的滴速为2.5mL/min，陈化时间为1h，Al^{3+}的投加浓度为0.6mol/L时，考察了反应温度对包覆效果的影响。不同实验的反应温度分别为55℃、65℃、75℃、85℃。不同实验所得Al(OH)$_3$/Cu$_2$O包覆粉末中Al(OH)$_3$的理论包覆量θ_i、实际包覆量θ_p、Al^{3+}有效利用率ε以及所得铜粉的性状列于表4-4。

表4-4 温度对包覆效果的影响

温度/℃	θ_i/%	θ_p/%	ε/%	铜粉性状
55	24.66	1.15	4.66	烧结
65	24.66	1.75	7.11	分散
75	24.66	2.70	10.93	分散
85	24.66	2.13	8.65	分散

从表4-4可以看出，包覆温度低于75℃时，随着包覆温度的升高，Al(OH)$_3$/Cu$_2$O包覆粉末的Al(OH)$_3$包覆量以及Al^{3+}的有效利用率也在提高；

当包覆温度超过 75℃后，Al(OH)$_3$/Cu$_2$O 包覆粉末的 Al(OH)$_3$ 包覆量略有下降。在包覆温度为 55℃时，所得前驱体经 H$_2$ 还原—高温致密化处理后得到的铜粉出现了烧结现象；在包覆温度高于 65℃后，最终得到的铜粉分散性较好。

由以上性能对比可看出，温度对包覆效果具有较大影响。随着温度的增高，Al(OH)$_3$ 的成核推动力也增大，由式（1-15）可知，Al(OH)$_3$ 的成核量能从小于非均匀成核势垒，逐渐上升至非均匀成核势垒和均匀成核势垒之间，再到越过均匀成核势垒，使 Al(OH)$_3$ 从不能沉淀、非均相沉淀最终发展为均相沉淀。在动力学方面，温度会影响体系中 Al^{3+} 的水解速率，从而影响 Al(OH)$_3$ 的成核速率与生长速率。温度较低时，Al^{3+} 水解速度慢，Al(OH)$_3$ 的过饱和度相对较低，在一定时间内的沉积量较小，使包覆过程极为缓慢；温度升高至 65℃后，Al^{3+} 水解速率增加，Al(OH)$_3$ 的过饱和度相对升高，Al(OH)$_3$ 的成核量能介于非均匀成核势垒和均匀成核势垒之间，从而有利于形成 Al(OH)$_3$ 的成膜包覆，实现良好的包覆效果；而温度过高时，Al^{3+} 水解反应速度过快，容易导致短时间内 Al(OH)$_3$ 发生自身成核生长聚集在 Cu$_2$O 颗粒表面，造成均匀成核包覆，并会形成独立沉淀，从而减弱了包覆效果。

综上所述，采用 NaOH 滴加法进行 Cu$_2$O 颗粒的包覆时，体系温度应控制在 60~80℃之间。

4.3.5 NaOH 滴速对包覆效果的影响

在初始 pH 值为 3.70 左右，陈化 pH 值为 7.00 左右，反应温度为（75±3）℃，陈化时间为 1h，Al^{3+} 的投加浓度为 0.6mol/L，NaOH 溶液的浓度为 0.5mol/L 时，考察碱液滴速对包覆效果的影响。不同实验中，NaOH 的滴加速度分别为 1.5mL/min、2.5mL/min、4.8mL/min、11.4mL/min、20.0mL/min。不同实验所得 Al(OH)$_3$/Cu$_2$O 包覆粉末中 Al(OH)$_3$ 的理论包覆量 θ_i、实际包覆量 θ_p、Al^{3+} 有效利用率 ε 以及所得铜粉的性状见表 4-5。

表 4-5　NaOH 滴速对包覆效果的影响

NaOH 滴速/mL·min^{-1}	θ_i/%	θ_p/%	ε/%	铜粉性状
1.5	24.66	2.90	11.77	分散
2.5	24.66	2.70	10.93	分散
4.8	24.66	2.46	9.99	分散
11.4	24.66	1.29	5.22	连体颗粒
20.0	24.66	0.92	3.73	烧结

从表 4-5 可以看出，随着 NaOH 滴加速度的提高，Al(OH)$_3$/Cu$_2$O 包覆粉末的 Al(OH)$_3$ 包覆量以及 Al^{3+} 的有效利用率明显下降，所得铜粉也逐渐出现烧结

现象。在 NaOH 滴加速度小于 5mL/min 时，都得到了分散性良好的铜粉。这是因为随着 NaOH 滴加速度的提高，Al^{3+} 的水解反应速度加快，容易导致 $Al(OH)_3$ 均匀成核并以核包覆的形式聚集在 Cu_2O 颗粒表面或者形成独立沉淀，从而使得 $Al(OH)_3$ 的包覆效率下降，包覆效果减弱。与之相反的是，过低的 NaOH 滴加速度也会造成一定时间内 $Al(OH)_3$ 胶粒的沉积量减小，使 $Al(OH)_3$ 在 Cu_2O 颗粒表面局部聚集，导致包覆不均；另外，NaOH 滴加速度过低使包覆反应过程延长，降低工艺效率，增加工艺能耗，所以也是不可取的。

体系 pH 值随着 NaOH 的滴入逐步升高，因此对 NaOH 滴速的考察也可以看作是对体系 pH 值的动态过程的考察。另外，滴入的 NaOH 的浓度不同时，适于包覆的滴速阈值也会发生变化。所以，在放大实验或者实际生产中，需结合 NaOH 溶液的浓度对其滴速进行考察，以探索出能满足具体包覆要求的工艺参数。

4.3.6 陈化时间对包覆效果的影响

在初始 pH 值为 3.70 左右，陈化 pH 值为 7.00 左右，NaOH 溶液的滴速为 2.5mL/min，反应温度为 $(75\pm3)℃$，Al^{3+} 的投加浓度为 0.6mol/L 时，考察陈化时间对包覆效果的影响。不同实验的陈化时间分别为 0h、1h、2h、3h、4h。不同实验所得 $Al(OH)_3/Cu_2O$ 包覆粉末中 $Al(OH)_3$ 的理论包覆量 θ_i、实际包覆量 θ_p、Al^{3+} 有效利用率 ε 以及所得铜粉的性状见表 4-6。

表 4-6 陈化时间对包覆效果的影响

陈化时间/h	$\theta_i/\%$	$\theta_p/\%$	$\varepsilon/\%$	铜粉性状
0	24.66	2.04	8.29	分散
1	24.66	2.27	9.19	分散
2	24.66	2.25	9.13	分散
3	24.66	2.26	9.17	分散
4	24.66	2.18	8.85	分散

由表 4-6 可以看出，不同陈化时间得到的 $Al(OH)_3/Cu_2O$ 包覆粉末的 $Al(OH)_3$ 包覆量以及 Al^{3+} 的有效利用率的变化不大，说明陈化时间对 $Al(OH)_3$ 在 Cu_2O 颗粒表面的包覆量没有明显影响。李洁等人[194] 在研究 Al_2O_3 包覆对 TiO_2 颜料性能影响时得出了与本书相同的实验结果，同时也发现，随着陈化时间的增长，覆层膜越均匀致密。在本工艺中，包覆膜越致密，对铜粉热烧结的阻隔作用越强，综合考虑包覆效果与工艺效率，选择陈化时间以 2h 左右为宜。

4.3.7 包覆量对铜粉性能的影响

由上述研究结果可知，在 NaOH 滴加法的包覆过程中，pH 值、温度以及

NaOH 溶液的滴加速度等条件是包覆效率的主要影响因素。而在包覆效率一定时，改变 $Al_2(SO_4)_3$ 的投加量即可改变 $Al(OH)_3/Cu_2O$ 包覆粉末中 $Al(OH)_3$ 的实际包覆量 θ_p。$Al(OH)_3$ 的包覆量的大小不仅会影响最终所得铜粉的分散性，而且还将影响铜颗粒上包覆层的酸洗过程。因此，制备了 $Al(OH)_3$ 实际包覆量分别为 0.63%、1.36%、2.25%、7.26% 的 $Al(OH)_3/Cu_2O$ 包覆粉末，通过考察最终所得铜粉的性状评估了 $Al(OH)_3$ 的适宜包覆量。不同 $Al(OH)_3$ 包覆量的 $Al(OH)_3/Cu_2O$ 包覆粉末的 TEM 图像如图 4-16 所示，最终所得铜粉的 SEM 图像如图 4-17 所示。

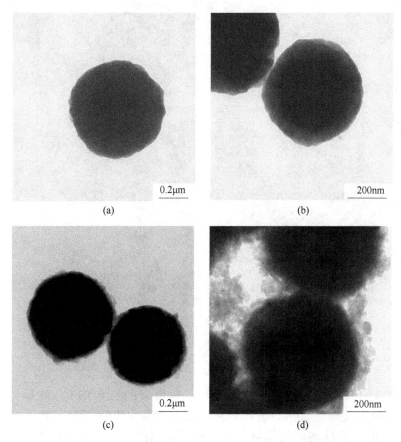

图 4-16　不同 $Al(OH)_3$ 包覆量的 $Al(OH)_3/Cu_2O$ 包覆粉末的 TEM 图像

(a) 0.63%；(b) 1.36%；(c) 2.25%；(d) 7.26%

由图 4-16 可以看出，随着 $Al(OH)_3$ 包覆量的增加，Cu_2O 颗粒表面的 $Al(OH)_3$ 包覆层逐渐增厚。在 $Al(OH)_3$ 的包覆量为 0.63% 时，包覆层不明显且不连续；在 $Al(OH)_3$ 的包覆量为 1.36% 时，在 Cu_2O 颗粒表面基本出现了连续的 $Al(OH)_3$ 包覆膜；在 $Al(OH)_3$ 的包覆量为 2.25% 时，$Al(OH)_3$ 在 Cu_2O 颗粒表面形成了连续、致密的包覆层，且其表面出现了 Al(OH)$_3$ 以絮状形态向外延伸的现象；在 Al(OH)$_3$ 的包覆量为 7.26% 时，Cu$_2$O 颗粒表面的包覆膜明显增厚，但是包覆层外侧有大量絮状 Al(OH)$_3$ 存在。

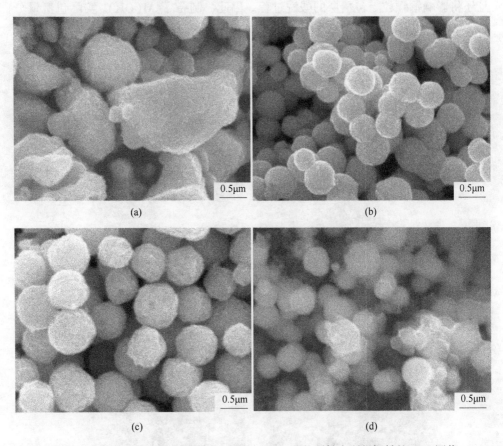

图 4-17　不同 Al(OH)$_3$ 包覆量的 Al(OH)$_3$/Cu$_2$O 包覆粉末所得铜粉的 SEM 图像

(a) 0.63%；(b) 1.36%；(c) 2.25%；(d) 7.26%

　　由图 4-17 可以看出，不同 Al(OH)$_3$ 包覆量的 Al(OH)$_3$/Cu$_2$O 包覆粉末经还原—致密化处理后所得的铜粉在性状上有很大差别。Al(OH)$_3$ 的包覆量为 0.63% 时，最终得到的铜粉明显出现了烧结现象，没有起到要求的包覆效果；Al(OH)$_3$ 的包覆量为 1.36% 时，铜粉的分散性有所提高，但是仍有相当一部分由略微烧结造成的连体铜颗粒存在；Al(OH)$_3$ 的包覆量为 2.25% 时，所得铜粉分散性较好，基本不存在烧结现象；Al(OH)$_3$ 的包覆量为 7.26% 时，铜粉分散性良好，但是铜颗粒表面存在大量未被洗掉的杂质。同时，在实验过程中观察到，Al(OH)$_3$ 的包覆量为 7.26% 时，还原出的铜粉显黑色，经长时间酸洗后颜色仍未发生变化，可以判断出黑色是由被 Al(OH)$_3$ 吸附的有机物在 H$_2$ 气氛下高温碳化的产物显现的。由此说明，Al(OH)$_3$的包覆量过高时也会给整体工艺带来不利影响。首先，Al(OH)$_3$的包覆量过高时，热分解后生成大量的Al$_2$O$_3$，增加了酸洗的难度；其次，Al(OH)$_3$胶体具有良好的吸附性，Al(OH)$_3$包覆量的增加会向前驱体中带入更多的有机杂质，从而影响铜粉的纯度以及导电性。

从以上结果可知，Al(OH)$_3$包覆量过低时，无法起到对铜粉高温烧结的阻隔作用；Al(OH)$_3$包覆量过高时，增加了后续酸洗工艺的难度，同时会向铜粉引入大量的有机杂质；本工艺中，Al(OH)$_3$的包覆量为2%~3%即可满足要求。

4.3.8 Al(OH)$_3$/Cu$_2$O包覆粉末的表征

图4-18所示为包覆前后的Cu$_2$O颗粒的典型XRD图谱，其中图4-18(a)为未包覆Cu$_2$O粉末的XRD图谱；图4-18(b)为Al(OH)$_3$/Cu$_2$O包覆粉末的XRD图谱。由图4-18(a)可以看出，产物的XRD图谱与Cu$_2$O晶体的标准XRD图谱完全一致，表明实验所制备的Cu$_2$O纯度较高。由图4-18(b)可以看出，Al(OH)$_3$/Cu$_2$O包覆粉末的XRD图谱也与Cu$_2$O晶体的标准图谱一致，没有观察到任何晶型的Al(OH)$_3$或Al$_2$O$_3$的衍射峰，这可能是由于Al(OH)$_3$在包覆体中所占比重较小或者包覆于Cu$_2$O颗粒表面的Al(OH)$_3$为非晶型所致。对比未包覆Cu$_2$O粉末与Al(OH)$_3$/Cu$_2$O包覆粉末的XRD图谱可以看出，Al(OH)$_3$/Cu$_2$O包覆粉末的衍射峰强度有所减弱，这是由于其表面包覆的Al(OH)$_3$降低了X射线的作用强度所致。

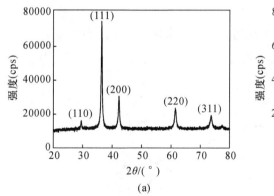 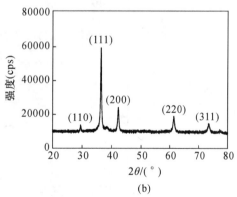

图4-18 Cu$_2$O与Al(OH)$_3$/Cu$_2$O包覆粉末的XRD图谱

(a) Cu$_2$O；(b) Al(OH)$_3$/Cu$_2$O

图4-19所示为Al(OH)$_3$/Cu$_2$O包覆粉末的DSC-TGA曲线。由图4-19可以看出，在加热过程中，Al(OH)$_3$/Cu$_2$O包覆粉末主要有2个失重阶段，分别在温度区间70~280℃以及280~380℃。Al(OH)$_3$/Cu$_2$O包覆粉末中存在的相主要有Cu$_2$O，Al(OH)$_3$，干燥过程未完全挥发的H$_2$O、酒精，以及一些未洗

涤干净的葡萄糖和无机盐。各相中，无水乙醇的沸点为 78.5℃；H_2O 的沸点为 100℃；$Al(OH)_3$ 的分解温度根据其形态而定，一般在 300℃ 左右开始有明显的分解脱水现象；葡萄糖中的有机碳分解挥发温度范围为 150~470℃。失重过程中，温度区间 70~280℃ 的主要失重原因为洗涤水和酒精的挥发以及葡萄糖的分解，失重率为 9% 左右；280~400℃ 的主要失重原因为 $Al(OH)_3$ 的脱水和葡萄糖的分解，其质量损失在 25% 左右。其中在 DSC 曲线在 290℃ 左右时峰值最大，是由于在此温度左右 $Al(OH)_3$ 剧烈吸热脱水，这与彭志宏等人[195] 的研究结果基本一致。上述结果也说明 $Al(OH)_3$ 确实存在于 $Al(OH)_3/Cu_2O$ 包覆粉末之中。

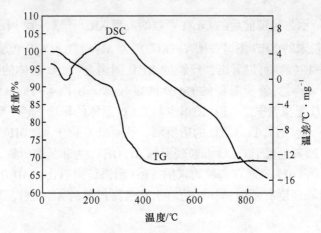

图 4-19 $Al(OH)_3/Cu_2O$ 包覆粉末的 DSC-TGA 曲线

对包覆前后的 Cu_2O 颗粒进行红外光谱分析，结果如图 4-20 所示。

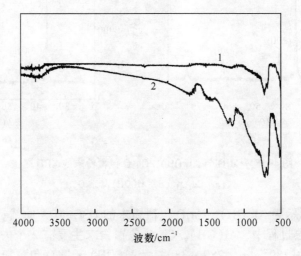

图 4-20 Cu_2O 颗粒包覆前后的 FT-IR 图谱

1—包覆前 Cu_2O 颗粒；2—包覆后 Cu_2O 颗粒

图 4-20 中，谱线 1 与谱线 2 分别为包覆前后的 Cu_2O 颗粒。可以看出，在波数为 $1100 \sim 1300cm^{-1}$ 区间与 $1600 \sim 1750cm^{-1}$ 区间谱线 2 比谱线 1 多了一个吸收谱带。$1100 \sim 1300cm^{-1}$ 区间的吸收带应为 AlOOH 中—OH 的弯曲振动；$1600 \sim 1800cm^{-1}$ 区间的吸收谱带应该代表着 $Al(OH)_3$ 中 O-Al 的不对称伸缩振动，另外，$Al(OH)_3$ 所吸附的有机杂质的 C—H 弯曲振动也处于该区间。

4.4 氧化亚铜颗粒包覆工艺评价

本章以对铜颗粒的烧结团聚的阻隔作用为评价基础，考察了包覆的反应方式、体系 pH 值、温度、加料速度、反应时间等因素对 $Al(OH)_3$ 包覆 Cu_2O 颗粒的包覆效果的影响，分析了上述因素对包覆工艺的影响机理，为包覆工艺的控制提供了理论基础，探索了 Cu_2O 颗粒表面包覆 $Al(OH)_3$ 的最佳反应控制条件。

（1）$Al(OH)_3$ 对 Cu_2O 颗粒的包覆主要存在核包覆与膜包覆两种包覆形态。膜包覆的包覆效果明显优于核包覆，反应条件对包覆效果的影响主要体现在对包覆形态的影响上。

（2）用 Al^{3+} 与 OH^- 共滴加法对 Cu_2O 颗粒进行包覆时，OH^- 可视作优势离子；Al^{3+} 滴入后未经有效扩散就发生快速水解，生成的 $Al(OH)_3$ 在 Cu_2O 颗粒表面的附着生长受到抑制，容易形成独立的 $Al(OH)_3$ 沉淀，从而形成核包覆。用 NaOH 滴加法进行包覆时，Al^{3+} 为优势离子；由于 Cu_2O 颗粒表面带有负电荷，Al^{3+} 能与 Cu_2O 颗粒上的负电荷中心形成静电或化学键吸附，其水解后更容易实现在 Cu_2O 颗粒表面的膜包覆。

（3）pH 值对包覆效果的影响分为初始 pH 值的影响与陈化 pH 值的影响。初始 pH 值较低会腐蚀 Cu_2O 颗粒，初始 pH 值较高会加快 Al^{3+} 的水解，造成核包覆，其值应控制在 $3.5 \sim 4.0$ 之间。陈化 pH 值较低会影响 Al^{3+} 的水解效率，陈化 pH 值较高会使 $Al(OH)_3$ 重新溶出，其值应控制在 $5.00 \sim 7.00$ 之间。

（4）反应温度和 NaOH 的滴加速度的改变主要是改变了 Al^{3+} 的水解速率，进而改变了 $Al(OH)_3$ 的过饱和度，从而对包覆形态和效果产生影响。采用本工艺进行 Cu_2O 颗粒包覆时，体系温度应控制在 $60 \sim 80℃$ 之间；NaOH 的滴加速度依浓度而定，本研究中 NaOH 溶液的浓度为 $0.5mol/L$，滴加速度不宜超过 $5mL/min$。

（5）陈化时间对包覆效果影响不大。而 $Al(OH)_3$ 包覆量过低时无法起到对铜粉高温烧结的阻隔作用；$Al(OH)_3$ 包覆量过高时，增加了酸洗的难度，$Al(OH)_3$ 的包覆量为 $2\% \sim 3\%$ 即可满足要求。

5 氧化亚铜的氢还原与铜粉的致密化研究

5.1 引　言

H₂ 在高温下具有很强的还原能力，而且生成的水蒸气会随气流排出，不会引入杂质，故采用了 H₂ 作还原剂。实验证实[196]，H₂ 还原 Cu₂O 颗粒制得的铜颗粒会保持其前驱体的形貌和粒径分布特点，因此可将铜粉粒径与形貌的控制转化为 Cu₂O 颗粒的粒径与形貌的控制。本书第 2 章与第 3 章已经完成了形貌粒径可控的 Cu₂O 颗粒的制备研究，并且确定了适合工业化生产的制备工艺；在第 4 章已经对球形 Cu₂O 颗粒的包覆工艺进行了研究；本章的研究目标是用 H₂ 热还原 Al(OH)₃/Cu₂O 包覆粉末，制备出能保持 Cu₂O 粒子原有形貌粒径特征、分散性良好且致密的金属铜粉。

根据金属氧化物的气-固热还原机理，金属氧化物粉末的还原过程受粉末颗粒粒径、还原温度、气体分压等因素影响，获取相关的动力学参数对其过程控制相当重要。因此，本章首先以未包覆 Cu₂O 颗粒为对象，研究 H₂ 还原过程中还原温度、Cu₂O 粒径等对还原速率和铜粉颗粒性状的影响；然后对 Cu₂O 颗粒与 Al(OH)₃/Cu₂O 包覆颗粒的氢还原速率进行对比研究，确定 Al(OH)₃/Cu₂O 包覆颗粒的 H₂ 还原条件。

通过实验研究[196]，发现 H₂ 还原 Cu₂O 制备的铜粉由于在还原过程中失去了氧，铜颗粒较为疏松，内部会有孔隙，存在致密性上的缺点，在用作 MLCC 导电浆料时可能会渗入有机溶剂而影响到导电性。因此，本章在还原 Cu₂O 制备了铜粉后，开展了铜粉的高温致密化处理工艺的研究。通过对铜颗粒粒径的收缩率、粒子比表面积、振实密度、结晶度、抗氧化能力的测定，考察致密化处理工艺对铜粉性能的影响，确定铜粉致密化的工艺条件。

5.2　工艺研究

5.2.1　实验试剂与仪器

制备 Cu₂O 颗粒以及 Al(OH)₃/Cu₂O 包覆颗粒所用的主要化学试剂与第 4 章

相同。Cu_2O 颗粒的 H_2 还原所用的气体与反应装置与第 4 章相同（见图 4-1），铜粉的洗涤干燥过程所用试剂与仪器与第 4 章相同。

5.2.2 实验内容与步骤

5.2.2.1 氧化亚铜的等温氢还原

首先，称取一定质量的 Cu_2O 粉末或 $Al(OH)_3/Cu_2O$ 包覆粉末均匀平铺于瓷舟中（铺层厚度约为 5mm，下同），称重后将瓷舟置于管式电炉的石英管中，并拉出炉管，使瓷舟位于电炉外侧的冷却区；然后以 300mL/min 的流量向石英管内通入 H_2，将石英管内的空气排出后开始通电加热；待炉温达到预设温度后将石英管推入炉膛，使瓷舟进入炉内的还原区，开始 Cu_2O 的还原；经过设定的还原时间后，将石英管推出，使瓷舟置于冷却区冷却，并停止通入 H_2，改用 N_2 排出 H_2；Cu_2O 冷却至室温后取出瓷舟，用天平称重。实验中，管式炉升温速率为 7℃/min。原料粉末在还原过程中的失重率由式（5-1）进行计算：

$$\eta_t = \frac{m_0^* - m_t}{m_0} \tag{5-1}$$

式中　η_t——粉末原料依预定时间还原后的失重率；

m_0——粉末原料的称量质量；

m_0^*——还原前瓷舟与粉末原料的总质量；

m_t——依预定时间还原后瓷舟与舟内粉末的总质量；

$m_0^* - m_t$——还原过程的粉末失重量。

5.2.2.2 Cu_2O 的还原与铜粉的致密化

$Al(OH)_3/Cu_2O$ 包覆粉末的还原：将 $Al(OH)_3/Cu_2O$ 包覆粉末均匀平铺于瓷舟中，而后置入管式电炉的石英管，用 H_2 排出空气后开始通电加热，在设定温度下用 H_2 还原 1.5h。

铜粉的致密化：上述 $Al(OH)_3/Cu_2O$ 包覆粉末的还原工序完成后，将炉温逐次升高，每升温 100℃保温 1h，进行铜粉的致密化处理（以最终致密化处理温度为 500℃为例，升温程序为：还原后按 300℃—400℃—500℃逐次升温，各温度停留点保温 1h），而后停止加热。

待炉温冷却后，用 N_2 排出 H_2，而后取出样品。先用稀硫酸在磁力搅拌下清洗粉体表面的包覆物，而后离心分离出产物粉末，再以纯水洗涤（至水洗废液 pH 值为 5 左右时停止水洗），然后用无水乙醇洗涤 2 遍，最后于 65℃下真空干燥后得到铜粉。

实验中，H_2 流量为 300mL/min，管式炉升温速率为 7℃/min。

5.2.3 测试与表征

5.2.3.1 粉末的 SEM 表征及粒径测定

采用 JSM-6360 LV 型扫描电镜观察粉末粒子形貌及分散性，用扫描电镜图片分析软件 Smile View 测量图片中 Cu_2O 以及铜粉颗粒的粒径，将所得数据进行统计分析处理，得到平均粒径及粒径分布曲线。

5.2.3.2 铜粉粒径的收缩率测定

将包覆前的 Cu_2O 颗粒的平均粒径记为 d_{Cu_2O}，将还原—致密化处理后所得铜粉的平均粒径记为 d_{Cu}，按式（5-2）计算铜粉相对前驱体的粒径的收缩率 d_φ：

$$d_\varphi = \frac{d_{Cu_2O} - d_{Cu}}{d_{Cu_2O}} \times 100\% \tag{5-2}$$

5.2.3.3 粉末比表面积测定

采用美国 Micrometritics ASAP 2010 型快速全自动比表面积测试仪进行颗粒的比表面积（BET）测试（分析条件：N_2 气氛，气氛浴温度 77.35K，分析温度 140℃，分析时长 3h）。

5.2.3.4 粉末振实密度测定

采用 JZ-1 型粉体振实密度仪（成都精新粉体测试设备有限公司）测定铜粉振实密度。称取一定质量的铜粉加入深度为 8.00cm、内径为 1.68cm 的振实管中，然后用压粉砣（砣高 1.00cm）压实；之后将振实管放入粉体振实密度仪中振动 30min 后取出，再用压粉砣压实，用配套的深度游标卡尺测量压粉砣所处的深度，记录数据。反复多次振实测量，直至压粉砣深度不再变化为止。根据振实管的深度、内径、压粉砣的厚度参数以及所测压粉砣的深度数据可以得出振实后粉末的体积，再结合粉末的质量即可计算其振实密度。计算式如下：

$$\rho = \frac{m}{\dfrac{\pi}{4} \times 1.68^2 \times (8 - 1 - h)} \tag{5-3}$$

式中 ρ——实验所得的振实密度值，g/cm^3；

      m——所取的铜粉质量，g；

      h——深度游标卡尺所测压粉砣的深度，cm。

同一批粉末样品经 3 次以上不同称样测量后取平均值，得到粉末的振实密度值。

5.2.3.5　物相分析

采用 Rigaku D/max 2550 型转靶 X 射线衍射仪进行物相分析，用以考察铜粉的结晶度（分析条件：CuK_α 靶，$\lambda = 0.15406nm$，管电压 40kV，管电流 300mA）。

5.2.3.6　热重分析

采用梅特勒托利多 SDT A851 型热重分析对铜粉进行热重（TG-DTG）分析，考察其抗氧化性能。分析条件：空气气氛，气体流速 100mL/min，升温速度 10℃/min，温度范围 30～500℃。

5.3　技术效果

5.3.1　氧化亚铜颗粒的等温氢还原研究

由于 $Al(OH)_3/Cu_2O$ 包覆粉末的包覆层在受热时易发生分解反应，该过程失水会造成动力学数据采集的困难，因此，选用未包覆的 Cu_2O 颗粒考察其等温氢还原过程，选用的 Cu_2O 颗粒的平均粒径为 0.6μm、1.0μm、1.5μm。

在实验中发现，Cu_2O 颗粒在还原后的最大失重率均保持在 16% 左右；而 Cu_2O 还原为金属的理论失重率为 11.18%。由 Cu_2O 粉体的热重分析（见图 3-9）可知，造成上述结果的原因是 Cu_2O 粉体吸附的洗涤水以及有机残留物在还原实验中发生了分解挥发作用。在还原实验中还观察到，Cu_2O 颗粒在 120℃ 下与 H_2 作用数小时后才出现明显的被还原现象；还原温度为 150℃ 时的还原速率仍很慢，被完全还原需时 6.5h 左右；还原温度上升到 270℃ 后铜颗粒开始发生烧结现象。因此，只列出了还原温度为 175℃、200℃、225℃、250℃ 时的还原失重曲线。

图 5-1 所示为 Cu_2O 颗粒在不同还原温度下的失重率随时间的变化。由图 5-1 可以看出，在 175～250℃ 范围内，不同粒径的 Cu_2O 颗粒均能在 100min 内停止失重，说明此时 Cu_2O 颗粒实现完全还原。粒度相同时，还原温度越高，Cu_2O 失重越快，说明还原反应速度随着温度升高而加快。

图 5-2 所示为不同粒度的 Cu_2O 颗粒在相同还原温度下的失重率随时间的变化。由图 5-2 可以看出，在实验条件下，不同粒径的 Cu_2O 粉末颗粒在同一还原温度下失重速率相差不大。还原温度为 175℃ 时，三种粒径的 Cu_2O 颗粒都需要反应 90min 才能停止失重；还原温度为 200℃ 时，三种粒径的 Cu_2O 颗粒停止失重均需 60min 左右；当还原温度升高至 250℃ 后，三种粒径的 Cu_2O 颗粒在还原 30min 后都停止了失重。

H_2 还原 Cu_2O 颗粒的反应过程中，首先在表面进行反应，反应界面逐渐向内

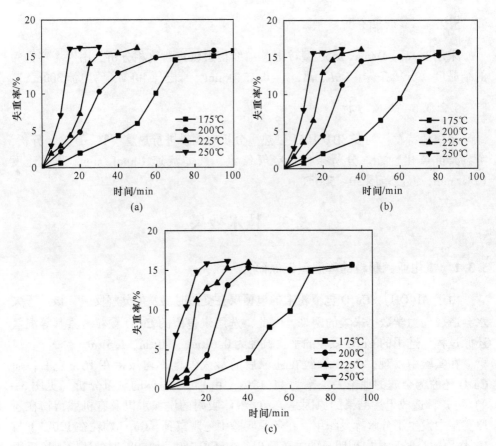

图 5-1   不同粒度的 Cu_2O 颗粒在不同还原温度下的还原失重曲线

(a) 0.6μm; (b) 1.0μm; (c) 1.5μm

部推进直至反应完全, 这种反应过程可以用收缩核模型来描述。一般情况下, 固体颗粒粒径对该类反应的速率也会有很大影响。但是由上述实验结果可知, 在实验研究的粒径范围 (0.6~1.5μm) 内, 粒径大小对于 Cu_2O 的还原速率几乎没有影响; 还原速率的变化主要受到反应温度的控制。这是由于实验的氢还原温度低, 而所用的 Cu_2O 颗粒分散性良好、粒径较小, 反应主要受 Cu_2O/Cu 界面的化学反应速率控制, 因此粒度对还原速率的影响有限。

5.3.2   包覆层对还原速率的影响

由 $Al(OH)_3/Cu_2O$ 包覆粉末的热分析 (见图 4-19) 可知, 温度过高会使 Cu_2O 颗粒表面的 $Al(OH)_3$ 大量分解失水, 此时实验的还原动力学数据的采集将会变得困难。因此将粒径为 1.5μm 的 Cu_2O 颗粒包覆后, 只在 175℃ 下考察了该 $Al(OH)_3/Cu_2O$ 包覆粉末的等温氢还原过程, 并与未包覆的 Cu_2O 颗粒在相同温

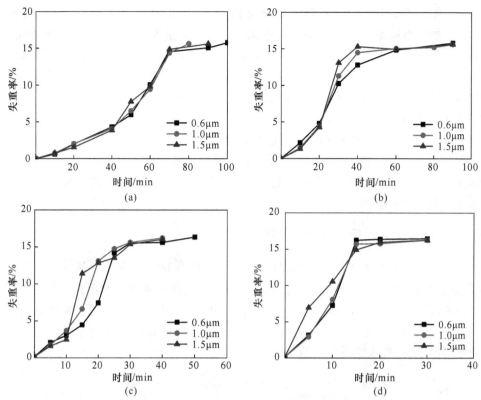

图 5-2　不同粒度的 Cu$_2$O 在相同温度下的还原失重曲线

(a) 175℃；(b) 200℃；(c) 225℃；(d) 250℃

度下的等温还原过程做了对比，以此分析 Al(OH)$_3$ 包覆层的存在对 Cu$_2$O 还原速率的影响，结果如图 5-3 所示。

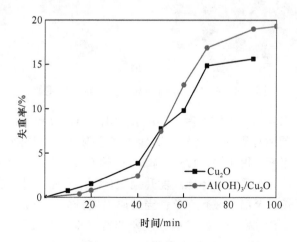

图 5-3　Cu$_2$O 与 Al(OH)$_3$/Cu$_2$O 包覆颗粒在 175℃下的还原失重曲线

由图 5-3 可以看出，在还原温度为 175℃时，Al(OH)$_3$/Cu$_2$O 包覆粉末在起始阶段的失重速率较慢，在受热反应 40min 后的失重率仅为 2.4%；受热 40min 后失重速率明显加快；在受热反应 100min 后，Al(OH)$_3$/Cu$_2$O 包覆粉末基本停止失重。与此同时，未包覆的 Cu$_2$O 在受热反应 90min 即停止了失重显现。由实验结果可知，Al(OH)$_3$/Cu$_2$O 包覆粉末在还原初始阶段的还原速率较慢，但是其完全还原所需时间并没有被大幅延长。该过程中，Al(OH)$_3$ 包覆层在初始阶段阻碍了 H$_2$ 分子向反应界面的扩散；随着原料中可挥发组分的受热逃逸，H$_2$ 分子的扩散路径得到了疏通，温度又成为反应速率的主要控制因素。由此可知，未包覆 Cu$_2$O 颗粒的等温还原动力学参数也可作为还原 Al(OH)$_3$/Cu$_2$O 包覆粉末时进行工艺调控的实验依据。

5.3.3 还原温度对铜粉性状的影响

由上述实验结果可知，还原温度越高，Cu$_2$O 颗粒的还原速率越快，生产效率也就越高。但是产品性能的高低是评价生产工艺优劣最重要的指标，由此，在不同温度下等温还原了 Al(OH)$_3$/Cu$_2$O 包覆粉末，考察还原温度对铜粉性状的影响。实验所用的 Al(OH)$_3$/Cu$_2$O 包覆粉末的 SEM 图像如图 5-4 所示，还原后所得铜粉的 SEM 图像如图 5-5 所示。

图 5-4 Al(OH)$_3$/Cu$_2$O 包覆粉末的 SEM 图像

由图 5-5 可以看出，不同温度下还原 Al(OH)$_3$/Cu$_2$O 包覆粉末得到的铜粉均承袭了图 5-4 中前驱体颗粒的良好分散性与球形形貌；但是随着还原温度的升高，铜颗粒表面逐渐变得粗糙。175℃与 200℃下还原 Al(OH)$_3$/Cu$_2$O 包覆粉末所得铜颗粒的表面较为光滑；当还原温度升至 250℃后，所得铜颗粒的表面开始变得粗糙，个别颗粒甚至出现破碎现象；当还原温度升高至 600℃后，所得铜颗粒的表面凹凸不平，孔隙密布，颗粒破碎现象非常严重。造成上述结果的原因是，Cu$_2$O 在还原后失去了氧，同时有水蒸气逸出，使得颗粒内部存在水蒸气逃逸的

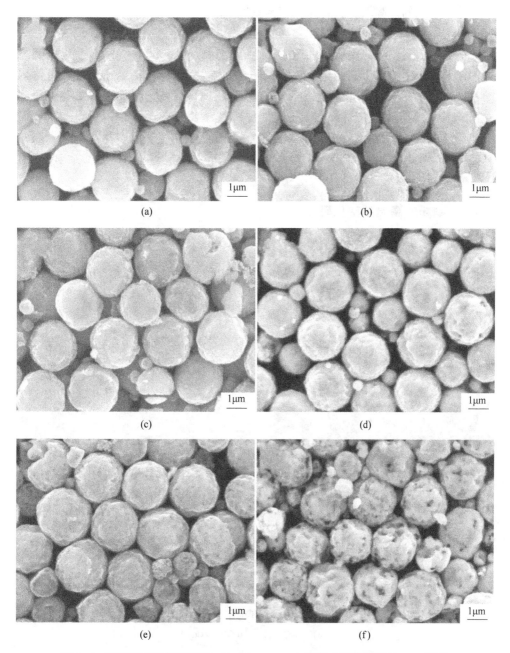

图 5-5　不同温度下等温还原 $Al(OH)_3/Cu_2O$ 包覆粉末所得铜粉的 SEM 图像

(a) 175℃；(b) 200℃；(c) 250℃；(d) 300℃；(e) 400℃；(f) 600℃

通道，因此得到的铜粉会质地疏松；另外，随着还原温度的升高，Cu_2O 颗粒的还原速率加快，使得 Cu_2O 失氧的速率以及水蒸气的逃逸速率也加快，最终导致所得铜颗粒上的孔隙增多，颗粒破碎现象加重。

　　由实验结果可知，还原温度过高将对铜粉的形貌将产生很大的负面影响，为保证铜粉的质量，还原温度不宜过高。还原温度低于150℃时，Cu_2O 颗粒的还原速率很低，会影响本工艺的生产效率；而还原温度为175℃时，研究粒径范围内的 Cu_2O 颗粒在 2h 内即可完全还原，并且颗粒表面相对光滑。因此，在生产过程中，Cu_2O 的还原温度应选择在175℃左右为宜。由实验结果还观察到，H_2 还原 Cu_2O 颗粒制备的铜粉颗粒表面不够光滑，甚至存在孔隙。用多孔结构的铜颗粒制备电子浆料时有机物会渗入铜粒子内部，从而影响其导电性。因此，H_2 还原 Cu_2O 制备出铜粉后还需进行致密化处理。

5.3.4　铜粉的高温致密化研究

　　在175℃下用 H_2 还原 $Al(OH)_3/Cu_2O$ 包覆粉末后，在不同温度下进行了高温致密化处理，通过对铜粉的分散性、粒径、比表面积、振实密度、结晶度，以及抗氧化能力的表征，考察致密化处理温度对铜粉性能的影响。

5.3.4.1　前驱体 SEM 分析

　　包覆前后的 Cu_2O 粉末的 SEM 图像如图5-6所示，颗粒粒径分布如图5-7所示。

图5-6　Cu_2O 与 $Al(OH)_3/Cu_2O$ 包覆粉末的 SEM 图像

(a) Cu_2O；(b) $Al(OH)_3/Cu_2O$

　　由图5-6与图5-7可以看出，实验所用的 Cu_2O 为分散性良好的均匀球形颗粒；$Al(OH)_3/Cu_2O$ 包覆颗粒保持了原始 Cu_2O 的形貌和分散性特征；经粒径统计可知，$Al(OH)_3/Cu_2O$ 包覆颗粒的平均粒径由包覆前的 1.85μm 略微增大至 1.93μm。

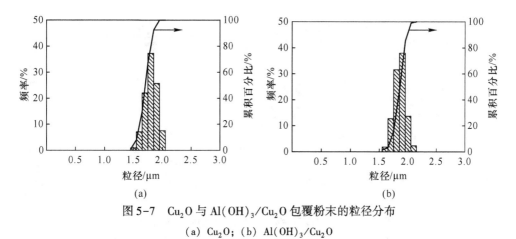

图 5-7 Cu$_2$O 与 Al(OH)$_3$/Cu$_2$O 包覆粉末的粒径分布

（a）Cu$_2$O；（b）Al(OH)$_3$/Cu$_2$O

5.3.4.2 铜粉的 SEM 分析

图 5-8 所示为不同温度致密化处理后所得铜粉的 SEM 照片。从图 5-8 中可以看出，所得铜粉颗粒均保持了前躯体原有的球状外形；经高温致密化处理后铜

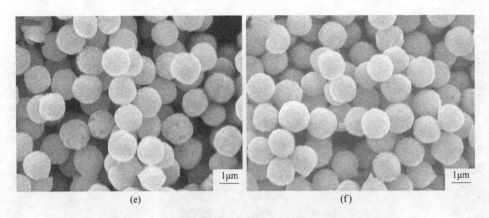

图 5-8 不同温度致密化处理后所得铜粉的 SEM 图像

(a) 175℃；(b) 300℃；(c) 400℃；(d) 500℃；(e) 600℃；(f) 700℃

粉没有发生烧结团聚，表现出了与前驱体一样的良好分散性。结果显示，通过 Cu_2O 的包覆，有效避免了 Cu_2O 或铜粉颗粒在较高温度下的烧结团聚。

5.3.4.3 致密化温度对铜粉粒径的影响

用 Smile View 分析软件测量了图 5-8 中铜粉的粒径，将所得数据进行统计分析处理，得到了不同温度致密化处理后所得铜粉的粒径分布，结果如图 5-9 所示，平均粒径见表 5-1。

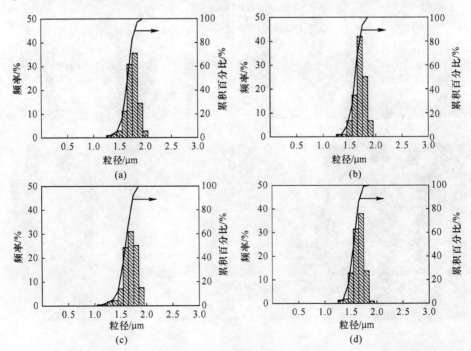

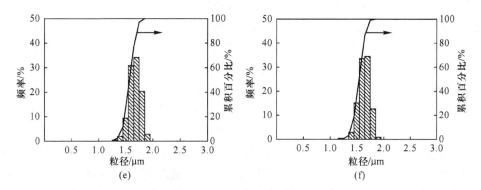

图 5-9 不同温度致密化处理后所得铜粉的粒径分布图

（a）175℃；（b）300℃；（c）400℃；（d）500℃；（e）600℃；（f）700℃

表 5-1 不同温度致密化处理后所得铜粉的平均粒径

处理温度/℃	175	300	400	500	600	700
平均粒径/μm	1.70	1.65	1.63	1.59	1.60	1.58
标准偏差	0.117	0.104	0.129	0.117	0.106	0.120

从图 5-9 的粒径分布以及表 5-1 中的统计标准偏差可以看出，不同温度致密化处理后所得铜粉的粒径都比较均匀。由统计得出的平均粒径可知，随着致密化处理温度的提高，铜粉的粒径有收缩趋势。

对不同铜粉的粒径收缩率按式（5-2）进行计算，得到了铜粉的粒径收缩率随温度变化的曲线，如图 5-10 所示。

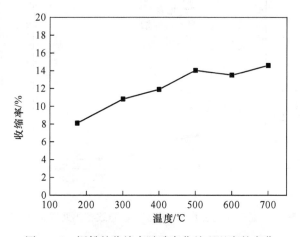

图 5-10 铜粉的收缩率随致密化处理温度的变化

由图 5-10 的收缩率变化曲线可以明显地看出随着致密化处理温度的升高铜

颗粒的收缩作用加强。未经致密化处理的铜颗粒相对于初始 Cu_2O 颗粒发生了 8.1% 的收缩；致密化处理温度为 300℃ 和 400℃ 时，铜颗粒的收缩率分别为 10.8% 和 11.9%；致密化温度升高为 500℃ 后，铜颗粒粒径的收缩率的变化不再明显，为 14% 左右。这是由于高温致密化处理时，铜原子受热移动有效填充了还原过程中由于 Cu_2O 晶格中失氧以及水蒸气逃逸时留下的细小孔隙，生成紧密的铜晶体；并且致密化处理温度越高，铜原子的移动填充效果越明显。从粒径的收缩情况来看，提高热处理温度有利于铜粉的致密化。

由上述实验结果还可以得出，通过控制 Cu_2O 颗粒的粒径，可以实现对铜粉粒径的控制。在本书第 3 章中，已完成了 Cu_2O 颗粒粒径的控制研究，因此，可以通过控制前驱体 Cu_2O 颗粒的粒径来间接实现对制备的铜粉的粒径控制。

5.3.4.4　致密化温度对铜粉比表面积和振实密度的影响

比表面积和振实密度对于 MLCC 电极浆料用铜粉也是一个重要的性能指标。不同温度致密化处理后所得铜粉的比表面积与振实密度表征结果见表 5-2，其随温度的变化曲线如图 5-11 所示。

表 5-2　不同温度致密化处理后所得铜粉的比表面积与振实密度

处理温度/℃	175	300	400	500	600	700
比表面积/$m^2 \cdot g^{-1}$	3.95	1.65	1.53	1.25	1.22	1.19
振实密度/$g \cdot cm^{-3}$	3.52	3.60	3.67	3.87	4.00	4.10

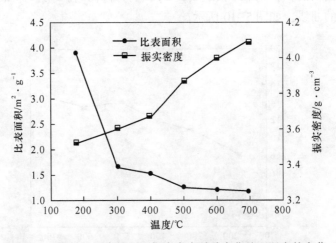

图 5-11　铜粉的比表面积和振实密度随致密化处理温度的变化

由实验结果可知，在 175℃ 下氢还原所得铜粉的比表面积为 $3.95m^2/g$，振实密度为 $3.52g/cm^3$；除颗粒粒径较大的原因之外，颗粒粗糙疏松也是造成未经致密化处理的铜粉的比表面积超大的重要原因。经高温致密化处理后，铜粉的比表面积迅速下降，在致密化处理温度高于500℃后可降低至1.25m²/g左右。致密化温度达到500℃后，比表面积的变化幅度较小，但还是具有一定的致密效果。比表面积的下降是由于铜粉颗粒内的铜原子的热运动使其内部原子排列更紧致，铜颗粒粒径的降低且铜粉颗粒内部孔隙的填充引起的。

在比表面积下降的同时，铜粉的振实密度也随着致密化处理温度的提高逐步增大，未经致密化处理的铜粉的振实密度为3.52g/cm³，而在700℃下致密化处理后可达4.10g/cm³。这也是铜粉颗粒内的铜原子的热运动使其内部原子排列更紧致所致。温度越高，铜原子热运动越活跃，颗粒的致密化效果也就越明显。

5.3.4.5 致密化温度对铜颗粒结晶度的影响

对不同致密化温度所得铜粉进行 XRD 分析得到的衍射图谱如图 5-12 所示。图 5-12 中，产品的在 2θ 为 43.22°、50.36°、74.05°左右处出现了特征峰，三个衍射峰分别对应于 Cu 的<111><200>和<220>晶面。各 XRD 图谱中无任何杂质峰，证明所得产品为纯铜粉。从图 5-12 中还可以看出铜颗粒的特征峰的衍射强度明显随着致密温度的升高而增强，说明铜颗粒的晶型随着致密化温度的提高变得更加成熟，结晶度更好。

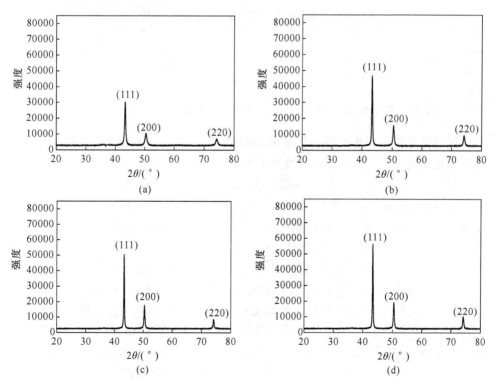

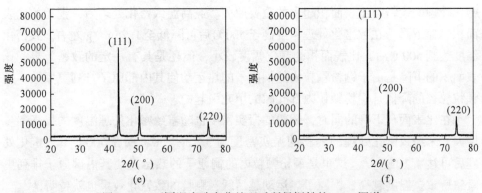

图 5-12 不同温度致密化处理后所得铜粉的 XRD 图谱

(a) 175℃；(b) 300℃；(c) 400℃；(d) 500℃；(e) 600℃；(f) 700℃

不同铜晶粒的<111>面的衍射强度值见表 5-3，可以看出，致密化处理的温度越高，所得铜晶粒的<111>晶面的衍射强度越强；温度每升高 100℃，就增强 6000 个单位左右，致密化温度由 600℃上升为 700℃时，甚至增强了 15000 个单位。这也是由于高温致密化处理过程中，铜原子受热运动使铜颗粒内部晶格缺陷减少，形成了更加规则、紧密的晶体结构所致；同样，随着处理温度的升高，铜原子的热运动更加活跃，致密化处理效果也就越明显。

表 5-3 不同温度致密化处理后所得铜颗粒的<111>晶面的衍射强度

处理温度/℃	175	300	400	500	600	700
衍射强度	30300	44733	50482	56226	62840	77800

5.3.4.6 致密化温度对铜粉抗氧化性的影响

在空气气氛下对不同温度致密化处理后所得铜粉进行了热重（TG）分析，考察其抗氧化性能，分析结果分别如图 5-13 ~ 图 5-16 所示。

如图 5-13 ~ 图 5-16 所示，随着分析温度的升高，图中的 TG 曲线都在升高，各批次铜粉都出现了氧化增重；由 DTG 曲线可以看出，测试时间为 48min，测试温度为 480℃左右时，粉末停止增重，此时粉末的增重量均在 23.5% 左右，单质铜接近于完全氧化为 CuO。由 DTG 曲线还可以清楚地看出，175℃下还原且未经高温致密化处理所得的铜粉于 125℃左右开始有明显的氧化增重（见图 5-13）；经过 400℃致密化处理后的铜粉于 145℃开始出现氧化增重（见图 5-14）；经过 500℃致密化处理后的铜粉于 155℃开始出现氧化增重（见图 5-15）；经过 700℃高温致密化处理后的铜粉于 175℃左右才有明显的氧化增重（见图 5-16）。上述结果同样说明了经高温致密化处理后，铜颗粒内部结构更加紧密，晶型更加成熟，抗氧化能力更强；并且随着致密化处理温度的提高，抗氧化能力有增强的趋势。

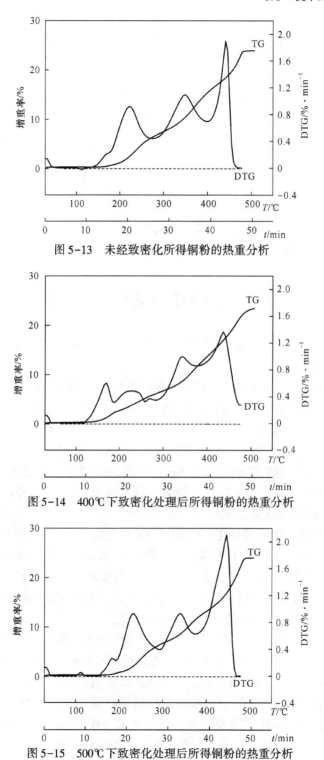

图 5-13　未经致密化所得铜粉的热重分析

图 5-14　400℃下致密化处理后所得铜粉的热重分析

图 5-15　500℃下致密化处理后所得铜粉的热重分析

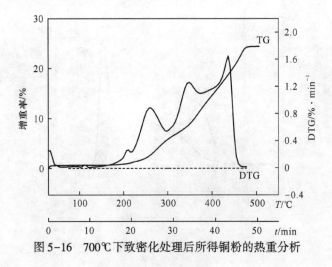

图 5-16　700℃下致密化处理后所得铜粉的热重分析

5.4　氧化亚铜氢还原工艺评价

本章主要进行了 H_2 等温还原 Cu_2O 粉末以及铜粉高温致密化处理工艺的研究，得出如下结论：

（1）在 $0.6 \sim 1.5\mu m$ 范围内，粒径大小对于 Cu_2O 的还原速率影响不大；还原速率主要受还原温度的控制，随着反应温度的升高明显加快；温度为175℃时，Cu_2O 颗粒需要90min才能实现完全还原；温度为200℃时，Cu_2O 颗粒完全还原需60min左右；当温度提高至250℃后，Cu_2O 颗粒在30min内可实现完全还原。

（2）$Al(OH)_3$ 包覆层的存在对 Cu_2O 颗粒的还原速率影响不大，未包覆的 Cu_2O 颗粒的等温还原动力学参数可作为本研究还原 $Al(OH)_3/Cu_2O$ 包覆粉末时进行工艺调控的实验依据。

（3）在对还原影响因素的考察过程中，Cu_2O 的选择粒径的范围较窄，在后续研究中，需研究更大粒径的 Cu_2O 颗粒的氢还原过程，使动力学数据的采集更加丰富。

（4）还原过程中，Cu_2O 失去了氧，同时颗粒内部存在水蒸气逃逸的通道，因此得到的铜粉会质地疏松；随着还原温度升高，还原速率加快，使得铜粉的疏松现象加重，还原温度应保持在175℃左右为宜。

（5）$Al(OH)_3/Cu_2O$ 包覆粉末经还原—致密化处理后制得的铜粉保持了前驱体颗粒的高分散性与球形外貌；随着致密化处理温度的升高，铜颗粒的粒径发生了收缩，比表面积降低，振实密度增大，晶型更加成熟，抗氧化能力增强。粒径为 $1.85\mu m$ 的 Cu_2O 颗粒在175℃下还原后所得铜颗粒的粒径为 $1.70\mu m$，振实密度为 $3.52g/cm^3$，空气中的起始氧化温度为125℃；而在700℃下致密化处理后，粒径收缩为 $1.58\mu m$，振实密度达 $4.10g/cm^3$，起始氧化温度提高至175℃。

6 总体工艺效果评价

本书提出了 Cu_2O 制备—$Al(OH)_3$ 包覆—H_2 还原—高温致密化处理制备超细铜粉新工艺；开发了液相还原法制备 Cu_2O 颗粒的形貌与粒径控制的新方法；采用 H_2 还原 Cu_2O 的方法制备铜粉，成功将铜粉的粒径和形貌控制转化为对 Cu_2O 颗粒的粒径与形貌的控制；并对 Cu_2O 颗粒进行了 $Al(OH)_3$ 包覆，由此克服了高温致密化处理过程中铜颗粒的烧结问题。现将主要研究结果总结如下。

6.1　超细氧化亚铜粉末制备工艺

在碱性体系中，用葡萄糖还原 $Cu(II)$ 生成 Cu_2O 是一个人们熟知的反应。但是反应物料（葡萄糖溶液、$CuSO_4$ 溶液与 $NaOH$ 溶液）的加入顺序不同会对 Cu_2O 粉末分散性、形貌以及粒径产生很大影响。该段工艺中，通过考察加料方式对 Cu_2O 颗粒分散性、均匀性以及特征重现性的考察，初步确定了制备 Cu_2O 颗粒的工艺路线，并得到了如下结论：

（1）通过液相反应法制备的 Cu_2O 粒子团聚严重，分散性不理想；通过液固反应法制备的 Cu_2O 粒子分散性良好。

（2）采用液固反应法制备 Cu_2O 粉末时，若 $Cu(OH)_2$ 前驱体不稳定，会使产物粒径分布变宽，而且粒径难以重复，并且前驱体脱水分解生成 CuO 后会导致产物 Cu_2O 颗粒的形貌趋向于立方形。

（3）不同加料方式制备的 $Cu(II)$ 固态前驱体性状不同；采用分步加碱沉淀法制备的 $Cu(OH)_2$ 前驱体的性状相对稳定，制得的 Cu_2O 颗粒分散性良好、球形度高、粒径均匀，而且有很好的工艺重现性，适用于工业化生产；可以以该方法为基础工艺进行 Cu_2O 颗粒的形貌粒径控制研究。

6.2　氧化亚铜颗粒的形貌粒径控制方法

在不加任何添加剂的条件下，用葡萄糖还原 $Cu(II)$ 固态前驱体制备了不同形貌和粒径的 Cu_2O 颗粒。考察了反应温度、葡萄糖与 $NaOH$ 溶液的投加浓度对 Cu_2O 颗粒形貌粒径的影响，并用晶体成核生长理论分析了上述因素对 Cu_2O 颗粒形貌与粒径的影响机理，探索出了有效控制 Cu_2O 颗粒形貌粒径的方法。

(1) 前驱体性状、葡萄糖投加浓度以及 NaOH 的投加浓度对 Cu_2O 颗粒形貌都有影响，这是由于晶粒的生长模式在不同反应条件下发生了改变，从而导致了 Cu_2O 颗粒形貌的变化。

1) 以 CuO 为前驱体时，前驱体释放 Cu^{2+} 的速率缓慢，体系内 Cu^+ 的过饱和度较低，最终 Cu_2O 晶核在扩散生长模式下形成了具有其晶胞结构外貌的立方形单晶。

2) 以 $Cu(OH)_2$ 为前驱体时制备出了分散性好、粒径均一的球形 Cu_2O 颗粒，但是在一些极端条件下也制备出了八面体的 Cu_2O 单晶颗粒。

3) 当葡萄糖投加浓度小于 0.50mol/L 时，体系内 Cu^+ 的过饱和度较低，不能满足晶核聚集生长，但是生长基元更易于扩散，此时扩散生长为 Cu_2O 晶核的主导生长模式；而 OH^- 有选择性地吸附于晶核的<111>晶面又促使扩散生长以<100>晶面生长为主，所以最终颗粒为八面体形貌。

4) 当 NaOH 溶液投加浓度大于 5.00mol/L 时，由于 Cu_2O 晶核的<111>晶面吸附了大量的 OH^-，因此抑制了 Cu_2O 的聚集生长和<111>晶面的扩散生长，晶核最终生长为八面体颗粒。

(2) 在制备出球形 Cu_2O 颗粒的前提条件下，随着反应温度或葡萄糖浓度的升高，体系内最终颗粒密度 n_+^∞ 与颗粒数目 n 增加，产物粒径降低；随着 NaOH 的投加浓度的增大，体系内最终颗粒密度 n_+^∞ 与颗粒数目 n 减少，产物粒径增大。反应温度、葡萄糖投加浓度以及 NaOH 的投加浓度对 Cu_2O 颗粒粒径的影响有明显的规律性，并且各影响因素的变化量与 Cu_2O 最终颗粒密度 n_+^∞ 之间存在线性关系。

1) 随着反应温度或葡萄糖浓度的升高，成核期溶质的供给速率 Q_0 增大，而温度与反应物投加浓度的变化对 Cu_2O 晶核的平均体积生长速率 $\bar{v}_+$ 的影响很小，因此体系最终颗粒密度 n_+^∞ 与颗粒数目 n 增加，产物粒径降低。

2) pH 值升高降低了成核期溶质的供给速率 Q_0；与此同时，Cu_2O 晶核的体积平均生长速率 $\bar{v}_+$ 增大；从而使最终颗粒密度 n_+^∞ 减小，颗粒数目减少，产物粒径增大。

3) 实验温度与反应物投加浓度的变化对成核期溶质的供给速率 Q_0 的影响远大于对 Cu_2O 晶核的平均体积生长速率 $\bar{v}_+$ 的影响，$\bar{v}_+$ 相对 Q_0 可以视为定值，所以体系内最终颗粒密度 n_+^∞ 与各影响因素的变化呈直线关系。

4) 通过对影响因素与最终颗粒密度 n_+^∞ 的数学关系进行分析，可在实际生产过程中采用已拟合的线性关系对 Cu_2O 颗粒的粒径进行预测，从而可实现对 Cu_2O 颗粒粒径的有效控制。

6.3 氧化亚铜颗粒的包覆工艺

为防止铜颗粒在高温致密化处理过程中出现烧结现象，对 Cu_2O 颗粒进行了 $Al(OH)_3$ 包覆；并以对铜颗粒烧结现象的阻隔作用作为评价基础，考察了包覆的反应方式、体系 pH 值、温度、加料速度、反应时间等因素对 $Al(OH)_3$ 包覆 Cu_2O 颗粒的包覆效果的影响；分析了上述因素对包覆工艺的影响机理，为包覆工艺的控制提供了理论基础，探索了 Cu_2O 颗粒表面包覆 $Al(OH)_3$ 的最佳反应控制条件，得出了以下结论：

（1） $Al(OH)_3$ 对 Cu_2O 颗粒的包覆主要存在核包覆与膜包覆两种包覆形态。膜包覆的包覆效果明显优于核包覆，反应条件对包覆效果的影响主要体现在对包覆形态的影响上。

（2）用 Al^{3+} 与 OH^- 共滴加法对 Cu_2O 颗粒进行包覆时， OH^- 可视作优势离子； Al^{3+} 滴入后未经有效扩散就发生快速水解，生成的 $Al(OH)_3$ 在 Cu_2O 颗粒表面的附着生长受到抑制，容易形成独立的 $Al(OH)_3$ 沉淀，从而形成核包覆。用 NaOH 滴加法进行包覆时， Al^{3+} 为优势离子；由于 Cu_2O 颗粒表面带有负电荷， Al^{3+} 能与 Cu_2O 颗粒上的负电荷中心形成静电或化学键吸附，其水解后更容易实现在 Cu_2O 颗粒表面的膜包覆。

（3）pH 值对包覆效果的影响分为初始 pH 值的影响与陈化 pH 值的影响。初始 pH 值较低会腐蚀 Cu_2O 颗粒，初始 pH 值较高会加快 Al^{3+} 的水解，造成核包覆，其值应控制在 3.5~4.0 之间。陈化 pH 值较低会影响 Al^{3+} 的水解效率，陈化 pH 值较高会使 $Al(OH)_3$ 重新溶出，其值应控制在 5.00~7.00 之间。

（4）反应温度和 NaOH 的滴加速度的改变主要是改变了 Al^{3+} 的水解速率，进而改变了 $Al(OH)_3$ 的过饱和度，从而对包覆形态和效果产生了影响。进行 Cu_2O 颗粒的包覆时，体系温度应控制在 60~80℃ 之间；NaOH 的滴加速度依浓度而定，NaOH 溶液的浓度为 0.5mol/L，滴加速度不宜超过 5mL/min。

（5）陈化时间对包覆效果影响不大。而 $Al(OH)_3$ 包覆量过低时，无法起到对铜粉高温烧结的阻隔作用， $Al(OH)_3$ 包覆量过高时，增加了酸洗的难度， $Al(OH)_3$ 的包覆量为 2%~3% 即可满足要求。

6.4 氧化亚铜氢还原工艺

本部分主要进行了 H_2 等温还原 Cu_2O 粉末和超细铜粉高温热处理的致密化工艺研究。得出如下结论：

（1）在 0.6~1.5μm 范围内，粒径大小对于 Cu_2O 的还原速率影响不大；还原速率主要受还原温度的控制，随着反应温度的升高明显加快；温度为 175℃ 时，Cu_2O 颗粒需要 90min 才能实现完全还原；温度为 200℃ 时，Cu_2O 颗粒完全还原需 60min 左右；当温度提高至 250℃ 后，Cu_2O 颗粒在 30min 内可实现完全还原。

（2）$Al(OH)_3$ 包覆层的存在对 Cu_2O 颗粒的还原速率影响不大，未包覆的 Cu_2O 颗粒的等温还原动力学参数也可作为还原 $Al(OH)_3/Cu_2O$ 包覆粉末时进行工艺调控的实验依据。

（3）还原过程中，Cu_2O 失去了氧，同时颗粒内部存在水蒸气逃逸的通道，因此得到的铜粉会质地疏松；随着还原温度升高，还原速率加快，使得铜粉的疏松现象加重，还原温度应保持在 175℃ 左右为宜。

（4）$Al(OH)_3/Cu_2O$ 包覆粉末经还原—致密化处理后制得的铜粉保持了前驱体颗粒的高分散性与球形形貌；随着致密化处理温度的升高，铜颗粒的粒径发生了收缩，比表面积降低，振实密度增大，晶型更加成熟，抗氧化能力增强。粒径为 1.85μm 的 Cu_2O 颗粒在 175℃ 下还原后所得铜颗粒的粒径为 1.70μm，振实密度为 3.52g/cm³，空气中的起始氧化温度为 125℃；而在 700℃ 下致密化处理后，粒径收缩为 1.58μm，振实密度达 4.10g/cm³，起始氧化温度提高至 175℃。

6.5　问题与展望

由于设备条件和研究时间限制，在本研究中存在许多不足。在以后的工作中还需对以下几个方面进行更深入的研究：

（1）在 Cu_2O 颗粒形貌粒径控制的研究中，由于设备条件限制，无法对实验体系的动力学数据（Cu^+、Cu^{2+} 以及葡萄糖浓度随时间变化）进行精确采集，在讨论影响因素时，对一些反应速率等动力学指标仅仅提出了相对的定性分析，没有完全定量。因此，在后续研究过程中，需要建立一种适合的实验方法，精确测定动力学量值，使得对个影响因素的分析更加清晰化、明确化，更加全面地分析影响因素对 Cu_2O 颗粒形貌粒径的影响机理。

（2）在 Cu_2O 颗粒的包覆过程中，同样存在未能精确采集 Al^{3+} 离子浓度等试验数据的问题；另外，各次实验中 Al^{3+} 的水解包覆效率偏低，需要继续进行研究，以提高生产效率，使工艺成本降低。

（3）在对还原影响因素的考察过程中，选用的 Cu_2O 颗粒的粒径范围较窄，在后续研究中，需研究更大粒径的 Cu_2O 颗粒的氢还原过程，使动力学数据的采集更加丰富。

（4）需通过制作电极浆料并用于 MLCC，对铜粉的性能（如导电性、杂质含量、与有机浆料的匹配度等）做进一步评价，找出其优缺点，继而完成对各工艺环节的优化。

（5）在后续研究中应充分考虑实际工程因素进行工艺条件的探索和改进，以便实现产业化。

综上所述，本工艺通过气-固还原步骤将铜粉的形貌粒径控制转化为对 Cu_2O 颗粒的形貌粒径控制，通过对 Cu_2O 颗粒的形貌粒径控制实现了铜粉的形貌粒径可控，通过包覆步骤阻止了铜颗粒的高温烧结，通过高温致密化处理步骤解决了气-固还原所得铜粉的疏松问题。本工艺克服了气相法与液相还原法制备铜粉在制备成本和产品性能上存在的缺点，所得铜粉的形貌粒径可控、分散性好、致密度高、晶型成熟，适用于制作 MLCC 电极浆料。

参考文献

[1] 耿琛, 熊翊宇. MLCC 行业深度报告: 被动元器件细分黄金赛道, 国产厂商崛起在即 [EB/OL]. https://www. vzkoo. com/doc/30515. html. 2021-02-02/2021-02-09.

[2] 黄晶晶. MLCC 到底如何? 来自一线的电子制造企业情况 [EB/OL]. https:// www. esmchina. com/news/3927. html. 2018-08-07/2021-02-09.

[3] 海通证券. MLCC 行业景气度详细剖析 [EB/OL]. https://www. sohu. com/a/242259240_ 609238 . 2018-08-03/2021-02-09.

[4] 2019 年全球 MLCC 市场现状及趋势分析: 5G 扩充消费电子 MLCC 单机需求量 [EB/OL]. https://www. sohu. com/a/351576382_999922905. 2020-02-28/2021-02-09.

[5] 纪绪宝, 霍永辉. MLCC 在 5G 领域的应用及发展趋势 [J]. 电子元器件与信息技术, 2020, 4 (8): 5~6, 9.

[6] 中信证券. MLCC 供给短期受限, 需求长期看涨 [EB/OL]. https://baijiahao. baidu. com/ s? id=16596526626296887430&wfr=spider&for=pc. 2020-02-27/2021-02-09.

[7] 张韶鸽, 孟淑媛, 付衣梅. MLCC 钯银内电极浆料性能研究 [J]. 电子工艺技术, 2010, 31 (4): 223~225, 240.

[8] 程淇俊, 易凤举, 徐豪, 等. 镍电极多层瓷介电容器烧结工艺的研究 [J]. 电子元件与材料, 2019, 38 (3): 71~76.

[9] 郝晓光. 多层陶瓷电容器用镍内电极浆料的现状与展望 [J]. 电子元件与材料, 2017, 36 (2): 1~5.

[10] 尚小东, 宋永生, 罗文忠, 等. X7R 特性 MLCC 用低温烧结铜端电极浆料的研究 [J]. 广东化工, 2017, 44 (13): 321~323.

[11] 周宗团, 左文婧, 何炫, 等. 导电浆料的研究现状与发展趋势 [J]. 西安工程大学学报, 2019, 33 (5): 538~548.

[12] 宋爽. 导电浆料用超细银包铜粉的制备工艺及性能研究 [D]. 昆明: 昆明理工大学, 2018.

[13] 梁力平, 赖永雄, 李基森. 片式叠层陶瓷电容器的制造与材料 [M]. 广州: 暨南大学出版社, 2008.

[14] 彭自冲, 黄旭业, 李筱瑜. MLCC 网版印刷工艺的探讨 [J]. 丝网印刷, 2011 (12): 16~19.

[15] 陈长云, 李筱瑜, 祝忠勇. 高比容 MLCC 关键制作技术研究 [J]. 电子工艺技术, 2011, 32 (4): 229~232.

[16] 张尹, 赖永雄, 肖培义, 等. MLCC 制造中产生内部开裂的研究 [J]. 电子元件与材料, 2005, 24 (5): 52~54.

[17] 侯玉森. MLCC 制作过程中分层开裂原因分析 [J]. 信息记录材料, 2018, 19 (7): 28~30.

[18] 安可荣, 黄昌蓉, 陈伟健. 钛酸钡粉体粒径对 MLCC 性能的影响 [J]. 电子工艺技术, 2020, 41 (5): 295~297.

[19] 安可荣, 陆亨, 唐浩. Ba-Ca-Si-R 玻璃粉对 MLCC 电性能的影响 [J]. 电子工艺技术, 2017, 38 (6): 331~334.

[20] 黄新民, 解挺. 材料分析测试方法 [M]. 北京: 国防工业出版社, 2006.

[21] 周玉，武高辉．材料分析测试技术：材料 X 射线衍射与电子显微分析 [M]．哈尔滨：哈尔滨工业大学出版社，1998.

[22] 王建祺．电子能谱学（XPS/XAES/UPS）引论 [M]．北京：国防工业出版社，1992.

[23] 廖乾初，蓝芬兰．扫描电镜分析技术与应用 [M]．北京：机械工业出版社，1990.

[24] 张立德，牟季美．纳米材料和纳米结构 [M]．北京：科学出版社，2001.

[25] 李余增．热分析 [M]．北京：清华大学出版社，1987.

[26] Addona T, Auger P, Celik C, et al. Nickel and copper powders for high-capacitance MLCC manufacture [J]. Passive Component Industry, 1999, 1 (2): 14~19.

[27] 张颖，林梁旭，阎子峰，等．低温 MOCVD 法制备铜纳米棒 [J]．科学通报，2006，51 (19)：2309~2314.

[28] 谢中亚，徐建生．高能球磨法制备纳米金属铜粒子工艺条件研究 [J]．润滑与密封，2006 (3)：126~128.

[29] Ding J, Tsuzuki T, McCormick P G, et al. Ultrafine Cu particles prepared by mechanochemical process [J]. Journal of Alloys and Compounds, 1996, 234 (2): L1~L3.

[30] 陈祖耀，陈波，钱逸泰，等．γ射线辐照—水热结晶联合法制备金属超微颗粒 [J]．金属学报，1992，28 (4)：169~172.

[31] 朱英杰，钱逸泰，张曼维，等．γ射线辐照—水热处理法制备纳米金属粉末 [J]．金属学报，1994，30 (18)：259~264.

[32] 高保娇，高建锋．超微镍粉的微乳液法制备研究 [J]．无机化学学报，2001，17 (4)：491~495.

[33] Cason J P, Roberts C B. Metallic copper nanoparticle synthesis in AOT reverse micelles in compressed propane and supercritical ethane solutions [J]. Journal of Physical Chemistry B, 2000, 104 (6): 1217~1221.

[34] Tanori J, Pileni M P. Control of the shape of copper metallic particles by using a colloidal system as template [J]. Langmuir, 1997, 13 (4): 639~646.

[35] 徐瑞东，常仕英，郭忠诚．电解法制备超细铜粉的工艺及性能研究 [J]．电子工艺技术，2006，27 (6)：355~359.

[36] 何峰，汪武祥，韩雅芳，等．制备超细金属粉末的新型电解法 [J]．粉末冶金技术，2001，19 (2)：80~82.

[37] 王菊香，赵恂，潘进，等．超声电解法制备超细金属粉的研究 [J]．材料科学与工程，2000，18 (4)：70~74.

[38] 朱协彬，段学臣．超声电解法制备纳米铜粉的研究 [J]．上海有色金属，2004，25 (3)：97~99.

[39] 顾大明，孙沫莹．次磷酸盐在纳米金属粉制备中的作用机理 [J]．哈尔滨工业大学学报，2003，35 (8)：1009~1011.

[40] 姜雄华，李成海，董丽辉，等．以次磷酸钠为还原剂制备纳米铜粉 [J]．无机盐工业，2006，38 (5)：34~36.

[41] Wen J, Li J, Liu S J, et al. Preparation of copper nanoparticles in a water/oleic acid mixed solvent via two-step reduction method [J]. Colloids and Surfaces A: Physicochemical and En-

gineering Aspects, 2011, 373 (1~3): 29~35.

[42] 吴昊, 张建华. 化学还原法制备纳米铜粉 [J]. 广东有色金属学报, 2004, 14 (2): 101~103.

[43] 耿新玲, 苏正涛. 液相法制备纳米铜粉的研究 [J]. 应用化工, 2005, 34 (10): 614~617.

[44] 温传庚, 王开明, 李晓奇, 等. 液相沉淀法制备纳米铜粉 [J]. 鞍山科技大学学报, 2003, 26 (3): 176~178.

[45] 廖戎, 孙波, 谭红斌. 以甲醛为还原剂制备超细铜粉的研究 [J]. 成都理工大学学报, 2003, 30 (4): 417~421.

[46] 刘志杰, 赵斌, 张宗涛, 等. 以抗坏血酸为还原剂的超细铜粉的制备及其热稳定性 [J]. 华东理工大学学报, 1996, 22 (5): 548~553.

[47] Mustafa B, İlkay S. Controlled synthesis of copper nano/microstructures using ascorbic acid in aqueous CTAB solution [J]. Powder Technology, 2010, 198 (2): 279~284.

[48] 吴伟钦, 郭忠诚. 水合肼为还原剂制备超细铜粉的研究 [J]. 福建工程学院学报, 2008, 6 (1): 29~33.

[49] 赵斌, 刘志杰, 蔡梦军, 等. 超细铜粉的水合肼还原法制备及其稳定性研究 [J]. 华东理工大学学报, 1997, 23 (3): 372~376.

[50] 胡敏艺, 王崇国, 徐锐, 等. 两步还原法制备 MLCC 电极用超细铜粉 [J]. 材料科学与工艺, 2009, 17 (4): 539~543.

[51] Huang C Y, Sheen S R. Synthesis of nanocrystalline and monodispersed copper particles of uniform spherical shape [J]. Materials Letters, 1997, 30 (5~6): 357~361.

[52] Zhang Y C, Xing R, Hu X Y. A green hydrothermal route to copper nanocrystallites [J]. Journal of Crystal Growth, 2004, 273 (1~2): 280~284.

[53] Sinha A, Sharma B P. Preparation of copper powder by glycerol process [J]. Materials Research Bulletin, 2002, 37 (3): 407~416.

[54] 余仲兴, 周邦娜, 孙驰, 等. 常压歧化铜粉的物理与化学性能研究 [J]. 上海有色金属, 2000, 21 (3): 105~111.

[55] Wu S P, Qin H L, Li P. Preparation of fine copper powders and their application in BME-MLCC [J]. Journal of University of Science and Technology Beijing, 2006, 13 (3): 250~255.

[56] Wu S P, Meng S Y. Preparation of micron size copper powder with chemical reduction method [J]. Materials Letters, 2006, 60 (20): 2438~2442.

[57] Wu S P. Preparation of fine copper powder using ascorbic acid as reducing agent and its application in MLCC [J]. Materials Letters, 2007, 61 (4~5): 1125~1129.

[58] Wu S P. Preparation of ultra-fine copper powder and its lead-free conductive thick film [J]. Materials Letters, 2007, 61 (16): 3526~3530.

[59] Wu S P. Preparation of ultra fine nickel-copper bimetallic powder for BME-MLCC [J]. Microelectronics Journal, 2007, 38 (1): 41~46.

[60] Wu S P, Gao R Y, Xua L H. Preparation of micron-sized flake copper powder for base-metal-electrode multi-layer ceramic capacitor [J]. Journal of materials processing technology, 2009,

209（3）：1129～1133.

[61] 胡国荣，刘智敏，方正升，等. 喷雾热分解技术制备功能材料的研究进展 [J]. 功能材料，2005，36（3）：335～339.

[62] Majumdar D, Glicksman H D, Kodas T T. Generation and sintering characteristics of silver-copper（Ⅱ）oxide composite powders made by spray pyrolysis [J]. Powder Technology, 2000, 110（1～2）：76～81.

[63] Rosenband V, Gany A. Preparation of nickel and copper submicrometer particles by pyrolysis of their formats [J]. Journal of Materials Processing Technology, 2004, 153（4）：1058～1061.

[64] Lee Y H, Leu L C, Chang S T, et al. The electrochemical capacities and cycle retention of electrochemically deposited Cu_2O thin film toward lithium [J]. Electrochimica Acta, 2004, 50（2～3）：553～559.

[65] Zhang J T, Liu J F, Peng Q, et al. Nearly monodisperse Cu_2O and CuO nanospheres：Preparation and applications for Sensitive Gas Sensors [J]. Chemistry of Materials, 2006, 37（17）：867～871.

[66] Akimoto K, Ishizuka S, Yanagita M, et al. Thin film deposition of Cu_2O and application for solar cells [J]. Solar Energy, 2006, 80（6）：715～722.

[67] Seiji K, Toshiyuki A. Photocatalytic activity of Cu_2O nanoparticles prepared through novel synthesis method of precursor reduction in the presence of thiosulfate [J]. Solid State Sciences, 2009, 11（8）：465～1469.

[68] 雷丹. 纳米氧化亚铜的制备及性能研究 [D]. 兰州：兰州理工大学，2014.

[69] 邓爱英. 铜系氧化物纳米材料的制备及催化性能研究 [D]. 兰州：兰州大学，2015.

[70] 张炜，许小青，郭承育，等. 低温固相法制备 Cu_2O 纳米晶 [J]. 青海师范大学学报，2004（3）：53～56.

[71] Sun F, Guo Y P, Tian Y M. The effect of additives on the Cu_2O crystal morphology in acetate bath by electrodeposition [J]. Journal of Crystal Growth, 2008, 310（2）：318～323.

[72] Yang H M, Ouyang J, Tang A D, et al. Electrochemical synthesis and photo-catalytic property of cuprous oxide nanoparticles [J]. Materials Research Bulletin, 2006, 41（7）：1310～1318.

[73] 陈之战，施尔畏，李汉军，等. 水热条件下 Cu_2O 的连生习性 [J]. 人工晶体学报，2001, 30（4）：369～374.

[74] 陈之战，施尔畏，元如林，等. 水热条件下晶粒的聚集生长（Ⅱ）氧化亚铜晶粒生长形态及其稳定能计算 [J]. 中国科学：E 辑，2003, 33（7）：589～596.

[75] 张炜，郭幼敬，范燕青，等. 水热法绿色制备 Cu_2O 和 Cu 纳米晶 [J]. 云南大学学报，2005, 27（3A）：136～139.

[76] 张炜，许小青，范燕青，等. 乙醇还原法制备 Cu_2O、Cu 和 CuCl 微晶 [J]. 青海师范大学学报：自然科学版，2005（2）：26～28.

[77] He P, Shen X H, Gao H C. Size-controlled preparation of Cu_2O octahedron nanocrystals and studies on their optical absorption [J]. Journal of Colloid and Interface Science, 2005, 284（2）：510～515.

[78] Liu H J, Ying H, Wang F, et al. Fabrication of submicron Cu_2O hollow spheres in an O/W/O

multiple emulsions [J]. Colloids and Surfaces A: Physicochem Eng Aspects, 2004, 235 (1 ~ 3): 79 ~ 82.

[79] 乔振亮, 马铁成. 溶胶凝胶法制备氧化亚铜薄膜及其工艺条件 [J]. 大连轻工业学院学报, 2004, 23 (1): 4 ~ 7.

[80] 杨士国, 陈庆德, 沈兴海. 乙二醇对反向微乳辐照法制备纳米级氧化亚铜形貌的影响 [J]. 光谱学与光谱分析, 2007, 27 (11): 2155 ~ 2159.

[81] 陈祖耀, 朱玉瑞, 陈文明, 等. 紫外射线辐照制备 Cu_2O 超细粉及其宏观动力学 [J]. 金属学报, 1997, 33 (3): 330 ~ 336.

[82] 张萍, 刘恒, 李大成. 亚硫酸钠还原法制备超细氧化亚铜粉末 [J]. 四川有色金属, 1998 (2): 16 ~ 18.

[83] 刘登良. 一种生产氧化亚铜的方法. 中国: CN1054956 [P]. 1990-03-12.

[84] Wang W Z, Varghese O K, Ruan C, et al. Synthesis of CuO and Cu_2O crystalline nanowires using $Cu(OH)_2$ nanowire templates [J]. Journal of Materials Research, 2003, 18 (12): 2756 ~ 2759.

[85] 刘亦凡, 于慧荣, 祝昌翠, 等. 均分散氧化亚铜溶胶的制备 [J]. 物理化学学报, 1993, 9 (1): 107 ~ 109.

[86] Muramatsu A, Sugimoto T. Synthesis of uniform spherical Cu_2O particles from condensed CuO suspensions [J]. Journal of Colloid and Interface Science, 1997, 189 (1): 167 ~ 173.

[87] Dong Y J, Li Y D, Wang C, et al. Preparation of cuprous oxide particles of different crystallinity [J]. Journal of Colloid and Interface Science, 2001, 243 (1): 85 ~ 89.

[88] Xu H L, Wang W Z, Zhu W. A facile strategy to porous materials: Coordination-assisted heterogeneous dissolution route to the spherical Cu_2O single crystallites with hierarchical pores [J]. Microporous and Mesoporous Materials, 2006, 95 (1 ~ 3): 321 ~ 328.

[89] Xu H L, Wang W Z, Zhu W. Shape evolution and size - controllable synthesis of Cu_2O octahedra and their morphology - dependent photocatalytic properties [J]. J. Phys. Chem. B, 2006, 110 (28): 13829 ~ 13834.

[90] Du F L, Liu J G, Guo Z Y. Shape controlled synthesis of Cu_2O and its catalytic application to synthesize amorphous carbon nanofibers [J]. Materials Research Bulletin, 2009, 44 (1): 25 ~ 29.

[91] Ram S, Mitra C. Formation of stable Cu_2O nanocrystals in a new orthorhombic crystal structure [J]. Materials Science and Engineering, 2001, 304 ~ 306: 805 ~ 809.

[92] Gou L F, Muprhy C J. Solution-phase synthesis of Cu_2O nanocubes [J]. Nano Lett, 2003, 3 (2): 231 ~ 234.

[93] Gou L F, Murphy C J. Controlling the size of Cu_2O nanocubes from 200 to 25nm [J]. Journal of Materials Chemistry, 2004, 14 (4): 735 ~ 738.

[94] McFadyen P, Matijevic E. Copper hydrous oxide sols of uniform particle shape and size [J]. J. Colloide Interface Science, 1973, 44 (1): 95 ~ 105.

[95] 吴正翠, 邵明望, 张文敏, 等. 微波辐照下均分散氧化亚铜超细粒子的制备 [J]. 安徽师范大学学报, 2001, 24 (4): 356 ~ 358.

[96] Wu Z C, Shao M W, Zhang W, et al. Large-scale synthesis of uniform Cu_2O stellar crystals via microwave-assisted route [J]. Journal of Crystal Growth, 2004, 260 (3~4): 490~493.

[97] Wang D B, Yu D B, Mo M S, et al. Seed-mediated growth approach to shape-controlled sythesis of Cu_2O particles [J]. Journal of Colloid and Interface Science, 2003, 261 (2): 565~568.

[98] Wang D B, Mo M S, Yu D B, et al. Large-Scale growth and shape evolution of Cu_2O cubes [J]. Crystal Growth and Desgin, 2003, 3 (5): 717~720.

[99] Zhang X, Xie Y, Xu F, et al. Shape-controlled synthesis of submicro-sized cuprous oxide octahedral [J]. Inoganic Chemisty Communications, 2003, 6 (11): 1390~1392.

[100] 赵华涛, 王栋, 张兰月, 等. 高反应浓度下制备不同形貌氧化亚铜的简易方法 [J]. 无机化学学报, 2009, 25 (1): 142~146.

[101] Zhang X J, Cui Z L. One-pot growth of Cu_2O concave octahedron microcrystal in alkaline solution [J]. Materials Science and Engineering B, 2009, 162 (2): 82~86.

[102] Liang Z H, Zhu Y J. Synthesis of uniformly sized Cu_2O crystals with star-like and flower-like morphologies [J]. Materials Letters, 2005, 59 (19~20): 2423~2425.

[103] 张萍, 李大成, 刘恒, 等. 氧化亚铜的制备 [J]. 四川有色金属, 1995 (3): 6~8.

[104] 胡黎明, 古宏晨, 李春忠. 化学工程的前言——超细粉末的制备 [J]. 化工进展, 1996 (2): 1~8.

[105] 黄凯. 可控缓释沉淀—热分解法制备超细氧化镍粉末的粒度和形貌控制研究 [D]. 长沙: 中南大学, 2003.

[106] Borho K. The importance of population dynamics from the perspective of the chemical process industry [J]. Chemical Engineering Science, 2002, 57 (20): 4257~4266.

[107] 周祖康, 顾惕人, 马季铭. 胶体化学基础 [M]. 北京: 北京大学出版社, 1996.

[108] Nielsen A E. Kinetics of precipitation [M]. Oxford: Pergamon Press, 1964.

[109] 张济忠. 分形 [M]. 北京: 清华大学出版社, 1995.

[110] 张克从, 张乐惠. 晶体生长科学与技术 [M]. 北京: 科学出版社, 1996.

[111] 仲维卓. 晶体生长形态学 [M]. 北京: 科学出版社, 1999.

[112] Sugimoto T. Monodispersed Particles [M]. Amsterdam: Elsevier Science B V, 2001.

[113] 郑燕青, 施尔畏, 李汶军, 等. 晶体生长理论研究现状与发展 [J]. 无机材料学报, 1998, 14 (3): 321~332.

[114] 王继扬. 晶体生长的缺陷机制 [J]. 物理, 2001, 30 (6): 332~339.

[115] 于锡铃. 晶体生长机理研究的新近进展 [J]. 中国科学基金, 2002, 4: 215~218.

[116] 黄凯, 郭学益, 张多默. 超细粉末湿法制备过程中粒子粒度和形貌控制的基础理论 [J]. 粉末冶金材料科学与工程, 2005, 10 (6): 319~314.

[117] 李广慧, 韩丽, 方奇. 晶体结构控制晶体形态的理论及应用 [J]. 人工晶体学报, 2005, 34 (3): 546~549.

[118] 施尔畏, 仲维卓, 华素坤, 等. 关于负离子配位多面体生长基元模型 [J]. 中国科学: E 辑, 1998, 28 (1): 37~45.

[119] Zhong W Z, Luo H S, Hua S K, et al. Anionic coordination polyhedron growth units and crystal morphology [J]. 人工晶体学报, 2004, 33 (4): 475~478.

[120] Zhong W Z, Luo H S, Hua S K, et al. Crystal surface structure and its growth units of anionic coordination polyhedra [J]. 人工晶体学报, 2004, 33 (4): 471~474.

[121] Rak M, Izdebski M, Brozi A. Kinetic monte carlo study of crystal growth from solution [J]. Computer Physics Communications, 2001, 138 (3): 250~263.

[122] Mao H B, Jing W P, Wang J Q, et al. Nucleation and growth mechanism of GaAs epitaxial growth [J]. Thin Solid Films, 2007, 515 (7~8): 3624~3628.

[123] Matijevic E. Colloid science of ceramic powders [J]. Pure and Applied Chemistry, 1988, 60 (10): 1479~1491.

[124] 沈钟, 王果庭. 胶体与表面化学 [M]. 北京: 化学工业出版社, 1997.

[125] Sugimoto T. Preparation of mono-dispersed colloidal particles [J]. Advances in Colloid and Interface Science, 1987, 28: 65~108.

[126] Rawlings J B, Miller S M, Witkowski W R. Model identification and control solution crystallization processes: A review [J]. Industrial and Engineering Chemistry Research, 1993, 32 (7): 1275~1296.

[127] 仲维卓, 华素坤. 负离子配位多面体生长基元与晶体的结晶习性 [J]. 硅酸盐学报, 1995, 23 (4): 464~470.

[128] 仲维卓, 罗豪甦, 华素坤. 若干晶体中氧八面体结晶方位与晶体形貌 [J]. 无机材料学报, 1995, 10 (3): 272~276.

[129] 施尔畏, 元如林, 夏长泰, 等. 水热条件下钛酸钡晶粒生长基元模型研究 (Ⅱ) 生长基元稳定能计算及晶粒的成核与生长 [J]. 物理学报, 1997, 46 (1): 1~11.

[130] Mullin J W. Crystallization [M]. London: Butterworth Heinemann Press, 1997.

[131] Randolph A D, Larson M A. Theory of particulate processes [M]. New York: Academic Press, 1988.

[132] Matijevic E. Mono-dispersed inorganic colloids: Achievements and problems [J]. Pure and Applied Chemistry, 1992, 64 (11): 1703.

[133] Kratohvil S, Matijevic E. Preparation of copper compounds of different compositions and particle morphologies [J]. Journal of Materials Research, 1991, 6 (4): 766.

[134] 成国祥, 沈锋, 张仁柏, 等. 反相胶束微反应器及其制备纳米微粒的研究进展 [J]. 化学通报, 1997 (3): 14~19.

[135] 沈兴海, 高宏成. 纳米微粒的微乳液制备法 [J]. 化学通报, 1995 (11): 6~9.

[136] Antonietti M. Surfactants for novel templating applications [J]. Current Opinion in Colloid and Interface Science, 2001, 6 (3): 244~248.

[137] Adair J H, Suvaci E. Morphological control of particles [J]. Current Opinion in Colloid & Interface Science, 2000, 5 (1): 160~167.

[138] Sugimoto T, Wang Y, Itoh H. Systematic control of size, shape and internal structure of monodisperse a-Fe$_2$O$_3$ particles [J]. Colloids and Surfaces A: Physicochemical and Engineering Aspects, 1998, 134 (3): 265~279.

[139] 胡敏艺. 多层陶瓷电容器电极用超细铜粉的制备与表面改性研究 [D]. 长沙: 中南大学, 2008.

[140] 崔洪梅, 刘宏, 王继扬, 等. 纳米粉体的团聚与分散 [J]. 机械工程材料, 2004, 28 (8): 38~41.

[141] 刘志强, 李小斌, 彭志宏, 等. 湿化学法制备超细粉末过程中的团聚机理及消除方法 [J]. 化学通报, 1999 (7): 54~57.

[142] 王觅堂, 李梅, 柳召, 等. 超细粉体的团聚机理和表征及消除 [J]. 中国粉体技术, 2008, 14 (3): 46~51.

[143] 张文斌, 祁海鹰, 由长福, 等. 影响微细颗粒团聚的黏性力分析 [J]. 中国粉体技术, 2001, 7 (5): 143~146.

[144] 邓祥义, 胡海平. 纳米粉体材料的团聚问题及解决措施 [J]. 化工进展, 2002, 21 (10): 761~763.

[145] 罗电宏, 马荣骏. 对超细粉末团聚问题的探讨 [J]. 湿法冶金, 2002, 21 (2): 57~61.

[146] 陈永奋, 赵斌. 铜溶胶的制备 [J]. 无机化学学报, 1995, 11 (4): 378~383.

[147] 肖寒, 王瑞, 余磊, 等. 还原法制备纳米级铜粉 [J]. 贵州师范大学学报: 自然科学版, 2003, 21 (1): 4~6.

[148] 彭天右, 杜平武, 胡斌, 等. 共沸蒸馏法制备超细氧化铝粉体及其表征 [J]. 无机材料学报, 2000, 15 (6): 1097~1101.

[149] 刘继富, 吴厚政, 谈家琪, 等. 冷冻干燥法制备 $MgO-ZrO_2$ 超细粉末 [J]. 硅酸盐学报, 1996, 24 (1): 105~108.

[150] 张敬畅, 朱分梅, 曹维良. 超临界流体干燥法 (SCFD) 制备纳米级铜粉 [J]. 中国有色金属学报, 2004, 14 (10): 1741~1746.

[151] 储茂泉, 刘国杰. 喷雾干燥法制备载药微球时的形貌与粒度控制 [J]. 化工学报, 2004, 55 (11): 1903~1907.

[152] 曹爱红. 微波干燥制备 Al_2O_3 纳米粉体的研究 [J]. 天津工业大学学报, 2002, 21 (4): 25~27.

[153] 李凤生. 特种超细粉体制备技术及应用 [M]. 北京: 国防工业出版社, 2002.

[154] 郑水林. 粉体表面改性 [M]. 2版. 北京: 中国建材工业出版社, 2003.

[155] 王利剑, 郑水林. 我国无机包覆型复合粉体制备研究现状 [J]. 化工矿物与加工, 2005 (1): 5~7.

[156] 魏明坤, 肖辉, 刘利. Al_2O_3 包覆石墨颗粒的制备及表征 [J]. 硅酸盐学报, 2004, 32 (8): 916~919.

[157] 李玉峰, 欧阳家虎, 钟继, 等. Al_2O_3 包覆 $SrSO_4$ 纳米复合粉体的制备与表征 [J]. 人工晶体学报, 2009, 38 (增刊): 21~24.

[158] 刘川文, 黄红军, 刘宏伟. 复合粉体的包覆制备技术现状与发展 [J]. 新技术新工艺, 2005 (1): 44~46.

[159] 覃操, 王亭杰, 金涌. TiO_2 表面包覆 Al_2O_3 纳米膜的特性 [J]. 过程工程学报, 2002, 2 (增刊): 87~92.

[160] 关毅, 程琳俨, 张金元. 非均相沉淀法在无机包覆中的应用 [J]. 材料导报, 2006, 20 (7): 88~90.

[161] Harmer M, Bergna H, Saltzberg M, et al. Preparation and properties of borosilicate-coated

alumina particles from alkoxides [J]. J Am Ceram Soc, 1996, 79 (6): 1546~1551.

[162] 崔爱莉, 王亭杰. 二氧化钛表面包覆氧化硅纳米膜的热力学研究 [J]. 高等学校化学学报, 2001, 22 (9): 1543~1545.

[163] 方吉祥, 赵康. 化学法制备 Al_2O_3 包覆 TiH_2 颗粒发泡剂 [J]. 中国有色金属学报, 2002, 12 (6): 1205.

[164] 王志兴, 邢志军. 非均匀成核法表面包覆氧化铝的尖晶石 $LiMn_2O_4$ 的研究 [J]. 物理化学学报, 2004, 20 (8): 790~794.

[165] Pol V G, Reisfeld R. Sonochemical synthesis and optical properties of europium oxide nanolayer coated on titania [J]. Chemistry of Materials, 2002, 14 (9): 3920~3924.

[166] 刘旭俐, 马峻峰. Gd_2O_3 掺杂 CeO_2 粉体的包覆处理 [J]. 硅酸盐通报, 2003, 1: 84~89.

[167] Zhang R, Gao L, Guo J K. Preparation and characterization of coated nanoscale Cu/SiC composite particles [J]. Ceramics International, 2004, 30 (3): 401~404.

[168] Garg A, Matijevic E. Preparation and properties of uniform coated inorganic colloidal particles Ⅲ zirconium hydrous oxide on hematite [J]. Journal of Colloid and Interface Science, 1988, 126 (1): 243~250.

[169] 王海龙, 张锐, 乔祝云. 化学镀法制备 SiC/Cu 金属陶瓷复合粉体工艺的研究 [J]. 佛山陶瓷, 2003, 13 (11): 14~16.

[170] 蔡克峰, 李成红, 袁润章. 在陶瓷粉末表面化学镀包复金属 [J]. 电镀与环保, 1994, 14 (2): 11~12.

[171] 张超. 超细 Al_2O_3-TiC-Co 复合材料的制备及复合材料的研究 [D]. 杭州: 浙江大学, 2004.

[172] Mei F, Shi D L. Electroless plating of thin film on porous Al_2O_3 substrate and the study of deposition kinetics [J]. Tsinghua Science and Technology, 2005, 10 (6): 680~689.

[173] 廖辉伟, 李翔, 彭汝芳, 等. 包覆型纳米铜-银双金属粉研究 [J]. 无机化学学报, 2003, 19 (12): 1327~1330.

[174] 徐锐, 周康根, 胡敏艺. 水合肼液相还原法制备银包覆超细铜粉反应机理研究 [J]. 稀有金属材料与工程, 2008, 37 (5): 905~908.

[175] 徐锐, 周康根, 王飞. 水合肼液相还原法制备银包覆超细铜粉反应工艺研究 [J]. 武汉理工大学学报, 2008, 30 (1): 24~27.

[176] Selmi F A, Amarakoon V R W. Sol-gel coating of powder for processing electronic ceramics [J]. Journal American Ceramic Society, 1988, 71 (11): 934~937.

[177] 刘波, 庄志强, 刘勇, 等. 粉体的表面修饰与表面包覆方法的研究 [J]. 中国陶瓷工业, 2004 (1): 50~54.

[178] 崔爱莉, 王亭杰, 金涌. SiO_2 和 Al_2O_3 在 TiO_2 表面的成核包覆与成膜包覆 [J]. 化工冶金, 1999, 20 (2): 178~181.

[179] Kobayashi Y, Katakami H, Mine E, et al. Silica coating of silver nanoparticles using a modified Stober method [J]. Journal of Colloid and Interface Science, 2005, 283 (2): 392~396.

[180] 美国杜邦公司. 稳定氢氧化铜的方法. 中国: CN101010008A [P]. 2007-08-01.

[181] 沈祖达. 氢氧化铜或氧化铜的制备方法. 中国: CN101195497A [P]. 2008-06-11.

[182] 姚允斌，解涛，高英敏．物理化学手册［M］．上海：上海科学技术出版社，1985.

[183] Lamer V K, Dinegar R H. Theory, production and mechanism of formation of monodispersed hydrosols［J］. Journals of the American Chemical Society, 1950, 72（11）：4847~4854.

[184] Hsu W P, Ronnquist L, Matijevic E. Preparation and properties of monodispersed colloidal particles of lanthanide compounds［J］. Langmuir, 1988, 4（1）：31~37.

[185] Ocana M, Matijevic E. Well-defined colloidal tin(Ⅳ) oxide particles［J］. Journal of Materials Research, 1990, 5（5）：1083~1091.

[186] 杨宏孝．无机化学［M］．北京：高等教育出版社，2002.

[187] Sugimoto T, Shiba F, Sekiguchi T, et al. Spontaneous nucleation of monodisperse silver halide particles from homogeneous gelatin solution Ⅰ：silver chloride［J］. Colloids Surfaces A：Physicochemical and Engineering Aspects, 2000, 164（2~3）：183~203.

[188] Sugimoto T, Shiba F. Spontaneous nucleation of monodisperse silver halide particles from homogeneous gelatin solution Ⅱ：Silver bromide［J］. Colloids Surfaces A：Physicochemical and Engineering Aspects, 2000, 164（2~3）：205~215.

[189] 李竟先，刘树罗，方晖．纳米 TiO_2 颗粒表面无机包覆方法及原理［J］．中国陶瓷工业，2005, 12（1）：40~44.

[190] 王忠良，叶春洪，戴路，等．纸浆纤维对钙离子吸附行为及机理［J］．南京林业大学学报：自然科学版，2010, 34（1）：59~63.

[191] 吕广明，仲剑初．无机电解质和有机高分子絮凝剂对污泥表面 Zeta 电位的影响［J］．辽宁化工，1999, 18（1）：38~40.

[192] 叶大伦，胡建华．实用无机物热力学数据手册［M］．北京：冶金工业出版社，2002.

[193] David R L. CRC Handbook of Chemistry and Physics, 90th Edition［M］. Boca Raton, FL, USA：CRC Press, 2009.

[194] 李洁，王勇，王丽娜，等．氧化铝包覆对 TiO_2 颜料性能的影响及包覆过程机理研究［J］．湖南科技大学学报：自然科学版，2009, 24（2）：98~103.

[195] 彭志宏，李琼芳，周秋生．氢氧化铝脱水过程的动力学研究［J］．轻金属，2010（5）：16~18.

[196] 胡敏艺，王崇国，周康根，等．球形超细铜粉的制备［J］．功能材料，2007, 38（10）：1577~1579.